新課程対応版

高卒認定ワークブック 地学基礎

編集・制作：J-出版編集部

もくじ

第3章　大気と海洋

第4章　地球の環境

高卒認定試験の概要

高等学校卒業程度認定試験とは？

高等学校卒業程度認定試験（以下、「高卒認定試験」といいます）は、高等学校を卒業していないなどのために、大学や専門学校などの受験資格がない方に対して、高等学校卒業者と同等以上の学力があるかどうかを認定する試験です。合格者には大学・短大・専門学校などの受験資格が与えられるだけでなく、高等学校卒業者と同等以上の学力がある者として認定され、就職や転職、資格試験などに広く活用することができます。なお、受験資格があるのは、大学入学資格がなく、受験年度末の3月31日までに満16歳以上になる方です（現在、高等学校等に在籍している方も受験可能です）。

試験日

高卒認定試験は、例年8月と11月の年2回実施されます。第1回試験は8月初旬に、第2回試験は11月初旬に行われています。この場合、受験案内の配布開始は、第1回試験については4月頃、第2回試験については7月頃となっています。

試験科目と合格要件

高卒認定試験に合格するには、各教科の必修の科目に合格し、合格要件を満たす必要があります。合格に必要な科目数は、「理科」の科目選択のしかたによって8科目あるいは9科目となります。

教　科	試験科目	科目数	合格要件
国語	国語	1	必修
地理歴史	地理	1	必修
	歴史	1	必修
公民	公共	1	必修
数学	数学	1	必修
理科	科学と人間生活	2 または 3	以下の①、②のいずれかが必修 ①「科学と人間生活」の1科目および「基礎」を付した科目のうち1科目（合計2科目） ②「基礎」を付した科目のうち3科目（合計3科目）
	物理基礎		
	化学基礎		
	生物基礎		
	地学基礎		
外国語	英語	1	必修

※このページの内容は、令和5年度の受験案内を基に作成しています。最新の情報については、受験年度の受験案内または文部科学省のホームページを確認してください。

本書の特長と使い方

本書は、高卒認定試験合格のために必要な学習内容をまとめた参考書兼問題集です。高卒認定試験の合格ラインは、いずれの試験科目も40点程度とされています。本書では、この合格ラインを突破するために、「重要事項」「基礎問題」「レベルアップ問題」というかたちで段階的な学習方式を採用し、効率的に学習内容を身に付けられるようにつくられています。以下の３つの項目の説明を読み、また次のページの「**学習のポイント**」にも目を通したうえで学習をはじめてください。

重要事項

高卒認定試験の試験範囲および過去の試験の出題内容と出題傾向に基づいて、合格のために必要とされる学習内容を単元別に整理してまとめています。まずは、ここで基本的な内容を学習（確認・整理・理解・記憶）しましょう。その後は、「基礎問題」や「レベルアップ問題」で問題演習に取り組んだり、のちのちに過去問演習にチャレンジしたりしたあとの復習や疑問の解決に活用してください。

基礎問題

「重要事項」の内容を理解あるいは暗記できているかどうかを確認するための問題です。この「基礎問題」で問われるのは、各単元の学習内容のなかでまず押さえておきたい基本的な内容ですので、できるだけ全問正解をめざしましょう。「基礎問題」の解答は、問題ページの下部に掲載しています。「基礎問題」のなかでわからない問題や間違えてしまった問題があれば、必ず「重要事項」に戻って確認するようにしてください。

レベルアップ問題

「基礎問題」よりも難易度の高い、実戦力を養うための問題です。ここでは高卒認定試験で実際に出題された過去問、過去問を一部改題した問題、あるいは過去問の類似問題を出題しています。また、「重要事項」には載っていない知識の補充を目的とした出題も一部含まれます。「レベルアップ問題」の解答・解説については、問題の最終ページの次のページから掲載しています。

表記について 〈高認 R. 1-2〉＝令和元年度第２回試験で出題
〈高認 H. 30-1 改〉＝平成30年度第１回試験で出題された問題を改題

学習のポイント

高等学校における学習指導要領の変更にともない、高卒認定試験の「地学基礎」の出題範囲にも変更がありました。令和５年度試験までの出題範囲と重複している内容がほとんどですが、範囲外になったものや、新たに加わった項目もあります。本書を用いて最新の学習範囲を把握し、確実な高卒認定合格を掴み取ってください。

地学基礎の学習法

❶ 地学の学習範囲

地学という科目は、時間的にも空間的にも非常に広い範囲を扱い、内容も単元によって大きく変わります。138 億年前の宇宙誕生から現在まで、地球の内部からはるか何億光年かなたの宇宙まで、まさに桁違いです。

宇宙や惑星のこと、地震や火山のこと、大気や海洋のこと、覚えることも膨大です。しかも生物のことや物理的なこと、化学的なことも押さえておかないといけません。物理化学生物すべてを駆使する総合科学的な側面が、地学を学ぶ大きな醍醐味とも言えます。

❷ まずは興味を持てる単元から学習しましょう

高卒認定試験では、地学基礎は毎年各章より１題以上の出題があります。まずは興味が持てる単元から学び始めましょう。学習範囲を徐々に広げていくことで、地学の奥深さ、それゆえの楽しさに気づけるはずです。

❸ 用語を正確に覚え、図にも目を通しましょう

試験では用語の知識に関する問題はもちろん、知識を基盤として図や資料を読み取って考える応用的な問題も出題されます。本書に掲載している図には必ず目を通し、用語とともに覚えるようにしましょう。「基礎問題」で用語を覚えたら、「レベルアップ問題」や過去問題の演習を通じて、知識の応用・整理をするようにしましょう。

「参考」マーク について

参 考

その単元の内容や項目に関するトピックを補足事項として取り上げています。頻出事項ではありませんので、余裕があれば目を通しておきましょう。

第1章
宇宙における地球

1. 宇宙のすがた

宇宙がどのように誕生し進化したのか、そして現在の宇宙はどのような構造なのか、大局的につかむようにしましょう。宇宙の始まりは、すべての始まり。途方もないスケールの話が続きますが、そのすべてが私たちにつながっていくのです。

宇宙の誕生

宇宙は約 138 億年前に“無”と呼ばれる状態から誕生しました。その後、宇宙は急激に膨張（インフレーション）し、ビッグバンが引き起こされ、その結果、宇宙に物質が生まれることになったのです。

➡ 宇宙は膨張に伴い冷え、素粒子が結合して陽子（＝水素の原子核）や中性子が、それらが結合してヘリウムの原子核がつくられます。宇宙誕生から約 38 万年後、高温のために自由に飛び回っていた電子が陽子やヘリウムの原子核に取り込まれ、水素原子やヘリウム原子がつくられました。その結果、光が電子に邪魔されずに直進できるようになり、宇宙は見通せるようになります。これを「宇宙の晴れ上がり」といいます。

宇宙の膨張と背景放射

宇宙の晴れ上がりの時点で放たれた光は、宇宙の膨張に伴って波長が伸ばされ、現在の地球から電波（マイクロ波）として観測されます。これを宇宙マイクロ波背景放射（CMB）といいます。

CMBは宇宙のあらゆる方向から一様にやってきますが、わずかにムラが認められます。このムラは物質の密度の違いを表していて、濃い領域から星や銀河が生まれていきました。

▲ 探査機が観測したデータからつくられたＣＭＢの分布図

> 参 考
> CMBを発見したペンジアスとウィルソンは、この功績で 1978 年にノーベル物理学賞を受賞した。

天体の誕生

恒星の誕生

晴れ上がり後の宇宙空間には水素やヘリウムのガスが広がっていました。何らかの原因でガスの分布に濃淡ができると、濃い部分はさらにガスを集めてガスの塊である分子雲がつくられます。

分子雲
➡ 自分自身の重力で収縮
➡ 中心部の温度が約 1000 万度を超え、水素の核融合反応が始まる
➡ 恒星の誕生
➡ 同時期に"恒星が集まって銀河が誕生した"と考えられているが、銀河がどのように誕生したのかは未だ不明な点が多い。

星雲と分子雲

宇宙空間においてガスや塵（ちり）が濃く集まった領域を星雲といいます。特にガスや塵が濃く集まった温度が低い天体を分子雲といい、恒星はその中で誕生すると考えられています。分子雲が背景の星の光をさえぎって黒く見えているものを暗黒星雲、生まれたばかりの星の光（紫外線）を受けてガスが輝いて見える星雲をHII 領域（電離水素領域）、近くの恒星の光を反射して青白く輝いて見える星雲を反射星雲といいます。

➡ ガス（水素やヘリウム）や塵（細かい固体微粒子）は星間物質という。

《 生まれたばかりの星の光を受けて輝いて見える星雲 》

（オリオン大星雲）

銀河と宇宙の大規模構造

天の川銀河（銀河系）

宇宙に多数存在する星々の大集団を銀河といいます。太陽系は**天の川銀河（銀河系）**と呼ばれる銀河に属していて、天の川銀河を中から見た姿が天の川です。

➡ 天の川銀河は中心が膨らんだ円盤型（直径約 10 万光年、厚さ約 2000 光年）で、1000 億個程度の恒星が集まっています。地球は銀河中心から約 2 万 6000 光年ほど離れた位置にあります。

◉ 銀河の中心部……バルジという。年老いた恒星が多い。
◉ 銀河の円盤部……若い恒星や星の材料となるガス（星雲）が多い。
◉ 銀河の周縁部……銀河はハローと呼ばれる高温のガスにつつまれている。ハローには球状星団が存在している（図中の黒点）。

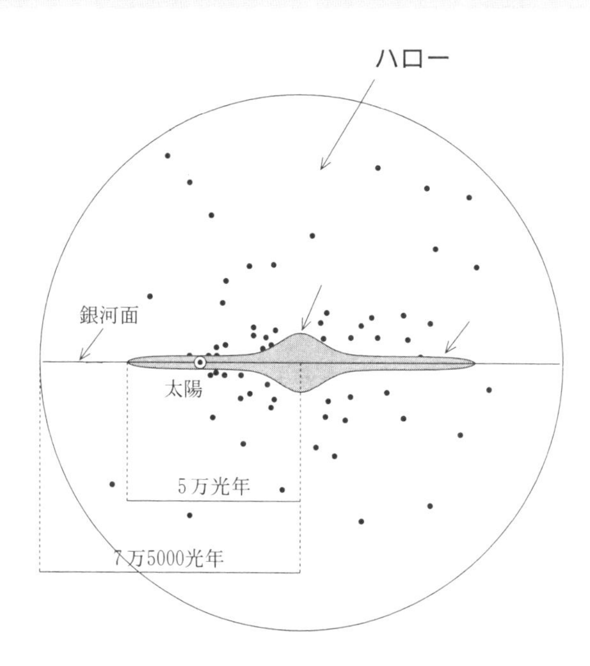

《 代表的な銀河 》

アンドロメダ銀河（地球からの距離約230万光年）

ブラックホール

ブラックホールは、大量の物質が一点に集中した非常に高密度な天体です。そのため重力が極めて強く、宇宙で最も速い光ですら脱出することができません。

➡天の川銀河の中心には太陽の400万倍程度の質量を持つブラックホールがある

銀河群と銀河団

銀河は宇宙に均一に分布しているわけではなく、密集したところとまばらなところがあります。

◉ 銀河群 …… 数個～数十個の銀河の集団。天の川銀河は局部銀河群と呼ばれる銀河群に属している。

◉ 銀河団 …… 数十個以上の銀河の集団。天の川銀河の近くにはおとめ座銀河団と呼ばれる銀河団が存在する。

超銀河団と宇宙の大規模構造

銀河団と他の銀河団の境界はあいまいです。複数の銀河団がゆるやかにつながった、銀河団より大きな構造を超銀河団といいます。

➡ 超銀河団どうしもつながっていて、宇宙全体で網目状の構造をつくっています。これを宇宙の大規模構造という。

参 考

◉ ブラックホールには、太陽の数倍の質量を持つ恒星質量ブラックホールと、太陽の数百万倍以上の質量を持つ超大質量ブラックホールがある。恒星質量ブラックホールは、太陽の30 倍以上の質量を持つ恒星が最期を迎えたときにつくられると考えられている。

◉ 局部銀河群には、天の川銀河のほかアンドロメダ銀河やさんかく座銀河が含まれる。大きな銀河はその３つで、あとは非常に小さな銀河（矮小銀河）しかない。

Step ｜基礎問題

（　）問中（　）問正解

■ 各問の空欄に当てはまる語句を答えなさい。

問１　宇宙は約（　　　　）億年前に“無”と呼ばれる状態から誕生した。
　① 138　② 150　③ 380

問２　誕生後、宇宙は（　　　　）と呼ばれる急激な膨張が起きた。
　①ビッグバン　② インフレーション　③ 宇宙の晴れ上がり

問３　宇宙誕生 38 万年後、宇宙はバラバラだった原子核と電子が結びついて光が直進できるようになった。これを「宇宙の（　　　　）」という。
　① 晴れ上がり　② インフレーション　③ マイクロ波背景放射

問４　誕生後、急激に膨張した宇宙は（　　　　）を引き起こした。
　① ブラックホール　② 核融合反応　③ ビックバン

問５　宇宙は膨張することで冷え、素粒子が結合して（　　　　）や中性子がつくられた。
　① 陽子　② 分子雲　③ マイクロ波

問６　晴れ上がった宇宙空間には水素や（　　　　）のガスが広がっていた。
　① 二酸化炭素　② ヘリウム　③窒素

問７　銀河は（　　　　）と呼ばれる高温のガスに包まれている。
　① 分子雲　② ハロー　③ バルジ

問８　「宇宙の晴れ上がり」のときに放たれた光は現在（　　　　）という電波で観測される。
　① ペンジアス　② ハロー　③ マイクロ波

問９　分子雲の濃いところは自らの重力で収縮し温度が約 1000 万度になると水素の（　　　　）が始まり、光を放つ天体になった。
　① 核融合反応　② 電離　③ 集合

解　答

問１：①　問２：②　問３：①　問４：③　問５：①　問６：②　問７：②　問８：③
問９：①

問 10　宇宙空間においてガスや塵が濃く集まった領域を（　　　　）という。
① 星団　② 星雲　③ 銀河団

問 11　宇宙をただよう水素やヘリウムのようなガスや塵のことを（　　　　）という。
① 反射星雲　② 星間物質　③ ハロー

問 12　太陽系は地球上から（　　　　）として見える銀河に属している。
① 星雲　② バルジ　③ 天の川

問 13　天の川銀河は中心がふくらんだ（　　　　）形で、1000 億個程度の恒星が集まっている。
① 円盤　② 球　③ 三角

問 14　天の川銀河の直径は約（　　　　）光年である。
① 5 万　② 10 万　③ 15 万

問 15　太陽系は天の川銀河の中心から約（　　　　）光年離れている。
① 2 万 6000　② 2 万 3000　③ 2 万 8000

問 16　天の川銀河の（　　　　）部には若い恒星が多い。
① 円盤　② 周縁　③ 中心

問 17　数個から数十個の銀河の集団を（　　　　）という。
① 銀河団　② 超銀河団　③ 銀河群

問 18　重力が極めて強く、宇宙で最も速い光ですら脱出することができない天体を（　　　　）という。
① ビッグバン　② ブラックホール　③ 天の川

問 19　無数の銀河がつくる網目状の構造を宇宙の（　　　　）という。
① 星団　② 局部銀河群　③ 大規模構造

問 20　局部銀河群の近くにはおとめ座（　　　　）という銀河の集団が存在する。
① 銀河団　② 恒星　③ 銀河群

解 答

問10：②　問11：②　問12：③　問13：①　問14：②　問15：①　問16：①
問17：③　問18：②　問19：③　問20：①

（　　）問中（　　）問正解

■ 次の問いを読み、問１～問７に答えよ。

問 1　生まれたばかりの星の光を受けてガスが輝いて見える星雲として適切なものを、次の①～③のうちから一つ選べ。

① 暗黒星雲　② HII 領域　③ 反射星雲

問 2　「宇宙の晴れ上がり」のときに放たれた光が現在マイクロ波として観測されるのはなぜか。その理由として適切なものを、次の①～③のうちから一つ選べ。

① 光が宇宙空間を飛んでくる間に宇宙が膨張し光の波長が引き伸ばされたから。
② 光が宇宙空間を飛んでくる間に一部が星間物質に吸収されたから。
③ 光が宇宙空間を飛んでくる間にブラックホールの重力によって光が曲げられたから。

問 3　球状星団は、天の川銀河のどの部分に存在しているか。適切なものを、次の①～③のうちから一つ選べ。

① 中心部
② 円盤部
③ ハロー

問 4　天の川銀河の中心には太陽の何倍の質量を持つブラックホールが存在しているか。適切なものを、次の①～③のうちから一つ選べ。

① 30 倍
② 10 万倍
③ 400 万倍

問 5　銀河に関する次の記述として**誤っているもの**を、次の①～③のうちから一つ選べ。

① 銀河団と他の銀河団の境界ははっきり区別することができない。
② 超銀河団どうしつながっていて、網目状の構造をつくっている。
③ 銀河の数がおおむね数十個より少ないものを銀河団という。

問6　銀河系の円盤部の直径とハローの直径の組合せとして最も適当なものを、次の①～④のうちから一つ選べ。

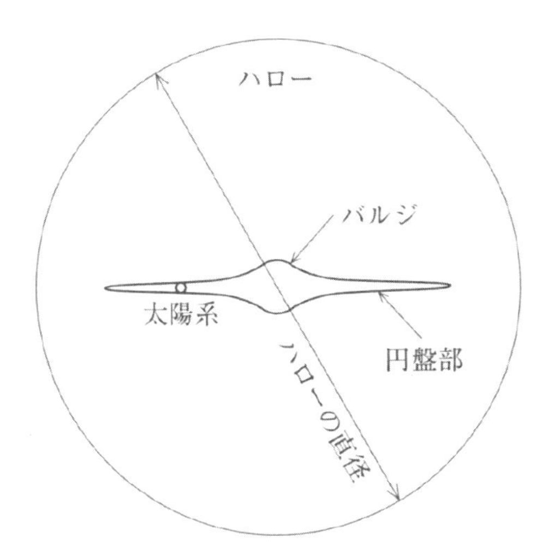

図1　銀河系の模式図

	円盤の直径	ハローの直径
①	1万光年	2万光年
②	5万光年	10万光年
③	10万光年	15万光年
④	15万光年	20万光年

問7　天体の集団を、スケールの小さいものから大きいものへと並べたものとして最も適当なものを、次の①～④のうちから一つ選べ。

① 太陽系 → 銀河団 → 銀河群 → 天の川銀河
② 太陽系 → 天の川銀河 → 銀河団 → 銀河群
③ 太陽系 → 銀河群 → 天の川銀河 → 銀河団
④ 太陽系 → 天の川銀河 → 銀河群 → 銀河団

解答・解説

問１：②

生まれたばかりの星は紫外線を強く放射します。紫外線を受けると水素は電離し、赤い光を放つようになります。こうしてガスが輝いて見える星雲をHII 領域といいます。HII 領域は電離水素領域とも呼ばれます。H は水素をII は水素が電離していることを意味します（電離していない水素原子からなる星雲はHI 雲と呼ばれる）。

有名なHII 領域に、冬の星座オリオン座の三ツ星の下に見えるオリオン大星雲があります。なお、①の暗黒星雲は分子雲が背景星の光をさえぎって黒く見えているもの、反射星雲は近くの星の光を塵が反射して青白く輝いて見えているものをいいます。

問２：①

マイクロ波は、赤外線よりもさらに波長が長い電磁波です。宇宙は誕生以来、膨張を続けています。空間が膨張すると、そこを飛ぶ光も波長が引き伸ばされます。

「宇宙の晴れ上がり」時に放たれた光は、この効果によって波長が引き伸ばされ、地球に届くころにはマイクロ波として観測されるのです。

問３：③

球状星団は数十万個から数百万個の星がボール状に集まった天体です。球状星団は天の川銀河を包んでいる高温ガスのハローの中に存在していますが、なぜそのように分布しているのか、そもそも球状星団がどのようにつくられたのか、未だに明らかになっていないことが多いです。

問４：③

天の川銀河の中心には太陽の400 万倍もの質量を持つブラックホールが存在していると考えられています。このような銀河の中心にある大質量ブラックホールがどのようにつくられたのか、未だ明らかになっていません。

問５：③

銀河の数がおおむね数十個より少ないのは銀河群です。したがって、正解は③となります。

問6：③

天の川銀河（銀河系）の大きさを概観すると、バルジの直径が約1万5000光年、円盤部の直径が約10万光年、その厚みが約2000光年、ハローの直径が約15万光年です。したがって正解は③となります。

問7：④

太陽系は私たちが暮らす惑星・地球を含めた太陽を公転する天体のあつまりです。私たちにもっとも身近な宇宙の範囲ということができます。その範囲はおよそ1光年と考えられています。銀河系は太陽を含む1000億個ほどの恒星のあつまりで、その直径はおよそ10万光年です。銀河群と銀河団はそれぞれ銀河系のような銀河のあつまりですが規模が異なり、銀河群は十数個程度の、銀河団は数百個程度の銀河があつまっています。したがって④が正解となります。

2. 太陽と惑星

私たちが暮らす地球を含む太陽系は、最も身近な宇宙といえます。個性豊かな太陽系の惑星たちのそれぞれの特徴をしっかり押さえておきましょう。そして、太陽をはじめとする恒星は宇宙をつくる基本要素です。恒星を知ることは宇宙を知ることなのです。

Hop｜重要事項

太陽

太陽は夜空に見える恒星の１つであり、自ら光輝いています。太陽は太陽系の中心に位置し、太陽系全体の質量の 99.8 % を占めています。太陽の中心部は約 1600 万 K の高温で、圧力が非常に高く、水素の原子核４つからヘリウムの原子核がつくられる**核融合反応**が生じています。この反応で生じる莫大な熱が太陽の光輝くエネルギーの源なのです。

◉ 半径…… 696000km（地球の約 109 倍）。
◉ 質量…… 1.99×10^{30}kg（地球の約 33 万倍）。
◉ 自転周期…… 約 25 日（太陽の緯度によって異なる）。

参 考

K は絶対温度と呼ばれる温度の単位。ケルビンと読む。目盛の間隔は℃（セルシウス度）と等しく、0℃＝－ 273 K である。

《 太陽の構造 》

- ◉ 粒状斑(りゅうじょうはん)……太陽表面で観察される熱いガスの湧きあがり。
- ◉ 光　球(こうきゅう)……厚さ約 400km、太陽の光り輝いて見える部分で、宇宙空間へ光と熱を放出している。いわゆる太陽の表面。
- ◉ 黒　点(こくてん)……光球の表面に見える黒いシミのようなもの。他の部分よりも低温で暗い（周囲より高温の部分は白斑）。
- ◉ 彩　層(さいそう)……光球の上部に広がる厚さ 3000km ほどの“太陽の大気”。
- ◉ プロミネンス……彩層より不定期に噴き出す長さ数万～数十万 km のプラズマの柱。紅炎(こうえん)ともいう。
- ◉ コロナ……太陽の最も外側の大気層。100 万度を超える高温。
- ◉ フレア……黒点の近くの彩層が突然明るく輝く爆発現象。
  ➡ 一時的に大量の荷電粒子（太陽風）やプラズマの塊が噴き出す。（コロナ質量放出）

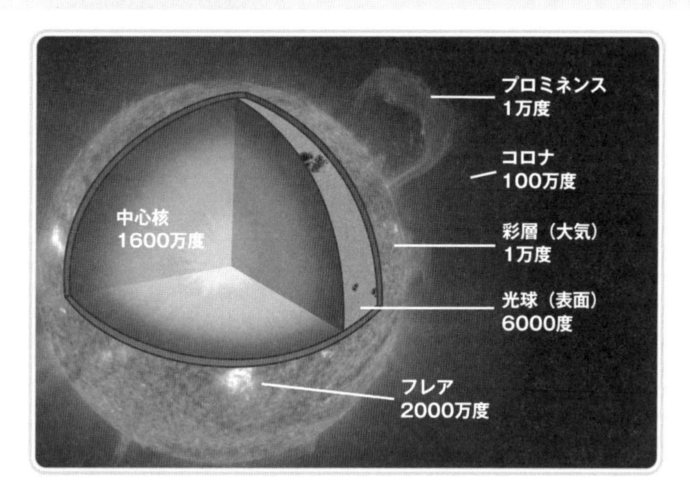

太陽活動の地球への影響

太陽は周囲に可視光線、赤外線、紫外線、X 線などの電磁波を放射しているほか、陽子や電子などの電気を帯びた粒子（荷電粒子）を数百 km/s もの速さで放出しています。これを太陽風(たいようふう)と呼びます。

《 地球への影響 》

- ◉ フレアが発生した際に放出された X 線の影響で電離層が乱され、短波通信に障害が起きる現象をデリンジャー現象という。
- ◉ フレアが発生すると地磁気に異常を起こさせる磁気嵐(じきあらし)も起きることがある。
- ◉ 太陽風が極域上空で地上付近まで入り込み、大気をつくる粒子を励起(れいき)させて起こる発光現象をオーローラという。

太陽系の惑星

太陽系には、太陽から近い順に、**水星・金星・地球・火星・木星・土星・天王星・海王星**の８つの**惑星**があります。これらの惑星は、その特徴から次の２つのタイプに分けることができます。

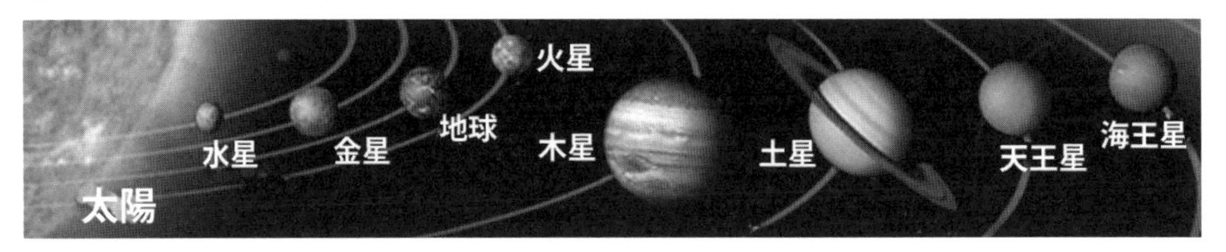

惑星のタイプ	惑星	主成分	平均密度	半径	自転速度
地球型惑星	地球，金星，火星，水星	岩石と鉄	大	小	遅
木星型惑星	木星，土星，天王星，海王星	水素など	小	大	速

地球型惑星

岩石が主成分。半径は小さく平均密度は大きい。自転速度は遅い。

◉ 水星
- 太陽に最も近い惑星。
- 大気がほとんどなく昼夜の温度差が大きい。
  ➡昼の面は 400℃以上、夜の面は −180℃以下となる。
- 表面に多くの**クレーター**が存在する。
- 磁場が存在する。

◉ 金星
- 「明けの明星（みょうじょう）」や「宵（よい）の明星」として見られる。
- 質量や大きさ（半径）が地球に似ている。
- 二酸化炭素を主成分とする 90 気圧もの厚い大気を持つ。
- 温室効果により気温は約 460℃にも達する。

◉ 地球
- 窒素を主成分とする大気に覆われ、大気中に酸素も多く含まれる。
- 表面に液体の水を湛（たた）え、表面積の７割が海洋、３割が陸地である。
- 生命が確認されている現時点で唯一の惑星である。

◉ 火星
- 大きさは地球の半分ほど。二酸化炭素を主成分とする非常に薄い大気を持つ。

木星型惑星

水素が主成分。半径は大きく平均密度は小さい。自転速度は速い。すべて環(わ)を持つ。

◉ 木星

- 太陽系最大の惑星で直径は地球の約 11 倍。**大赤斑**(だいせきはん)と呼ばれる巨大な大気の渦がある。
- 大気の主成分は水素で、太陽の化学組成に近い。

◉ 土星

- 主に氷の破片でできた巨大なリング（環）を持つ。
- 太陽系の惑星の中で最も密度が低い。

◉ 天王星

- 地軸の傾きが 98 度もあり、ほとんど横倒しで公転している。
- 大気中の含まれるメタンの影響で青緑色に見える。

◉ 海王星

- 太陽からの距離が惑星の中では最も遠いが、表面温度は天王星と同程度。
- かつて大暗斑(だいあんはん)と呼ばれる大気の渦が存在していたが、今では消えてしまっている。

参考
天王星と海王星を「天王星型惑星」と分類することもある。

その他の天体

太陽系には惑星や恒星（太陽）以外にも様々な天体が含まれている。

◉ 準惑星

- 2006 年に新しくつくられたカテゴリ。
- 惑星との違いは、その軌道上で重力的に支配的か否か。
- 2024 年現在、ケレス、冥王星、エリス、マケマケ、ハウメアの 5 天体がある。

◉ 小惑星

- 不規則な形の小天体。その多くは直径が 10 km 以下。
- 主に火星軌道と木星軌道の間を公転している（小惑星帯）。

◉ 彗星

- 尾を引いた姿を見せることがあり、ほうき星とも呼ばれる。
- 氷と塵が集まった天体で “汚れた雪玉” としばしば表現される。

◉ 衛星

- 惑星などのまわりを公転する天体。
- 8つの惑星のうち水星と金星以外は衛星を持つ。

	軌道長半径（天文単位）	太陽距離（億km）	公転周期（太陽年）	自転周期	赤道半径（km）	密度（g/cm^3）
水星	0.3871	0.579	0.2409	58.65日	2440	5.43
金星	0.7233	1.082	0.6152	243.0日	6052	5.24
地球	1.0000	1.496	1.0000	23h56m	6378	5.52
火星	1.5237	2.279	1.8809	24h37m	3397	3.93
木星	5.2026	7.783	11.862	9h56m	71492	1.33
土星	9.5549	14.294	29.458	10h39m	60268	0.69
天王星	19.2184	28.750	84.022	17h14m	25559	1.27
海王星	30.1104	45.044	164.774	16h06m	24764	1.64

恒星としての太陽の進化

分子雲が収縮することで太陽は誕生します。原始星を経て、中心部で水素の**核融合反応**が始まると安定して輝くようになり、この段階を**主系列星**といいます。太陽は一生のうちのほとんどの期間を主系列星として過ごします。

晩年を迎えた太陽は大きく膨張し、その結果、表面温度が下がって赤い巨大な恒星・**赤色巨星**（せきしょくきょせい）となります。中心部の水素が枯渇して核融合反応が起こせなくなると、外層を宇宙空間に放出して**惑星状星雲**をつくり、中心部に**白色わい星**を残します。

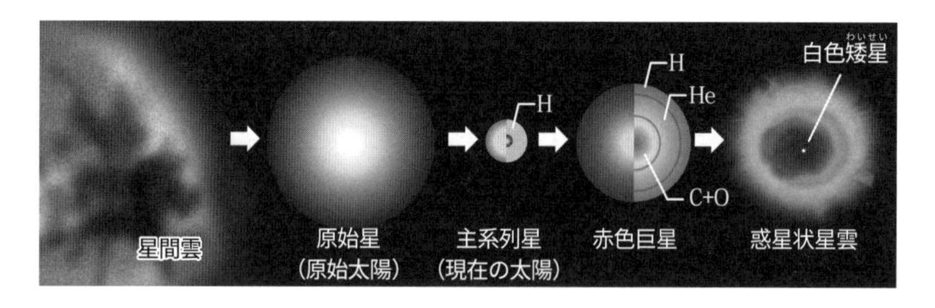

◉ 主系列星

中心部で水素の核融合を起こし安定して輝いている状態の恒星。表面温度が低いものほど暗く、表面温度が高いものほど明るい。

◉ 赤色巨星

年老いて表面温度が低く半径が大きくなった恒星。半径は太陽の100倍以上になる。

◉ 白色わい星

表面温度は高いが非常に小さな天体。太陽と同じくらいの質量があるにもかかわらず、半径は地球程度しかない。恒星が外層を吹き飛ばし、中心部だけとなった天体。

参考

恒星のスペクトル型（色／表面温度）を横軸に、縦軸に恒星本来の明るさをプロットした図をヘルツシュプルング・ラッセル図という。ヘルツシュプルングとラッセルは、それぞれこの図を提唱した天文学者の名前。

ヘルツシュプルング・ラッセル図（HR図）

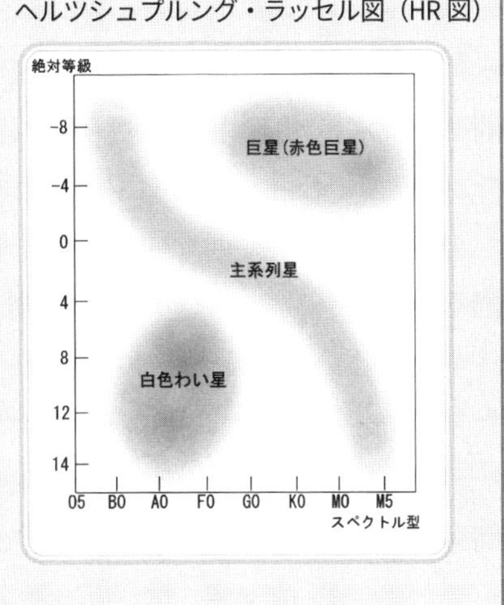

太陽系の広がり

太陽系外縁天体とエッジワース・カイパーベルト

海王星より外側を公転している氷の小天体を**太陽系外縁天体**といい、現在では冥王星も太陽系外縁天体（かつ準惑星）に分類されています。太陽系外縁天体は海王星軌道の外側に帯状に分布し、これを**エッジワース・カイパーベルト**といいます。公転周期が短い彗星は、このエッジワース・カイパーベルトが故郷だと考えられています。

オールトの雲

太陽系の果てには、球殻（きゅうかく）状に太陽を覆う氷の小天体群があると考えられていて、これを**オールトの雲**といいます。公転周期が長い彗星の故郷だと考えられていますが、オールトの雲の存在そのものは未だ確認されていません。

参考

太陽系内では距離の単位として、しばしば「天文単位」が用いられる。単位は au。太陽－地球間の平均距離は 1 天文単位である。

Step｜基礎問題

（　）問中（　）問正解

■ 各問の空欄に当てはまる語句を答えなさい。

問１　地球型惑星は水星、（　　　　）、地球、火星である。

① 月　② 金星　③ 土星

問２　木星型惑星には木星、（　　　　）、天王星、海王星がある。

① 月　② 金星　③ 土星

問３　（　　　　）は「明けの明星」「宵の明星」と呼ばれ、肉眼で観測できる最も明るい惑星である。

① 月　② 金星　③ 土星

問４　木星は太陽系最大の惑星で主成分は（　　　　）とヘリウムである。

① 酸素　② 二酸化炭素　③ 水素

問５　（　　　　）は地軸の傾きが大きく、横倒しのような状態で自転している。

① 天王星　② 土星　③ 海王星

問６　地球の月のような、惑星のまわりを公転している天体を（　　　　）という。

① 彗星　② 矮星　③ 衛星

問７　太陽は太陽系全体の質量の約（　　　　）％を占める。

① 77.8　② 88. 8　③ 99.8

問８　太陽は中心部において水素の原子核がヘリウムの原子核に変化する（　　　　）が生じている。

① 核融合反応　② 対流　③ 水素爆発

解答

問1：②　問2：③　問3：②　問4：③　問5：①　問6：③　問7：③　問8：①

問 9　太陽の光り輝いて見える部分を（　　　　）といい、厚さが 400km で、宇宙空間へ熱と光を放出している。

① 光球　② 粒状斑　③ フレア

問 10　（　　　　）は太陽表面で観察される熱を持ったガスの湧きあがりである。

① 光球　② 粒状斑　③ フレア

問 11　光球の表面に見える、他の部分よりも低温で暗い、黒いシミのようなものを（　　　　）という。

① 黒点　② 粒状斑　③ プロミネンス

問 12　彩層より不定期に噴き出す長さ数万～数十万 km のプラズマの柱を（　　　　）という。

① プロミネンス　② フレア　③ 光球

問 13　（　　　　）とは、フレアに伴って放出される X 線の影響で、中間層の D 層が活発化し短波通信に障害が起こることである。

① プロミネンス　② オーロラ　③ デリンジャー現象

問 14　太陽風が極域上空で地上付近まで入り込み、大気をつくる粒子を励起させて起こる発光現象を（　　　　）という。

① プロミネンス　② オーロラ　③ デリンジャー現象

問 15　現在、冥王星をはじめとする準惑星は 2024 年現在（　　　　）個ある。

① 15　② 10　③ 5

問 16　小惑星の多くは火星軌道と（　　　　）軌道の間を公転している。

① 地球　② 木星　③ 金星

問 17　8 つの惑星のうち（　　　　）以外の惑星は衛星を持つ。

① 水星と木星　② 水星と金星　③ 金星と木星

解答

問 9：①　問 10：②　問 11：①　問 12：①　問 13：③　問 14：②　問 15：③　問 16：②　問 17：②

問 18　彗星は、海王星軌道よりも外側にあるエッジワース・カイパーベルトや（　　　）が故郷だと考えられている。

① 天の川銀河　② ハロー　③ オールトの雲

問 19　年老いて表面温度が低く、半径が大きくなった恒星を（　　　）という。

① 赤色巨星　② 白色わい星　③ 主系列星

問 20　晩年を迎えた太陽は、中心部の水素を使い果たすと外層を宇宙空間に放出して惑星状星雲とをつくり、中心部に（　　　）を残す。

① 赤色巨星　② 白色わい星　③ 主系列星

解答

問18：③　問19：①　問20：②

Jump｜レベルアップ問題

(　)問中(　)問正解

■ 次の問いを読み、問１～問８に答えよ。

問 1　太陽の構造を中心部から外側に向かって正しく表しているものを、次の①～③のうちから一つ選べ。

① 中心核 → 彩層 → 光球 → コロナ
② 中心核 → コロナ → 彩層 → 光球
③ 中心核 → 光球 → 彩層 → コロナ

問 2　惑星と準惑星の違いとして適切なものを、次の①～③のうちから一つ選べ。

① 形が球形か否か
② 軌道上で重力的に支配的か否か
③ 軌道がほぼ円形かだ円形か

問 3　恒星のスペクトル型（色／表面温度）を横軸に、縦軸に恒星本来の明るさをプロットした図として適切なものを、次の①～③のうちから一つ選べ。

① ヘルツシュプルング・ラッセル図
② シュヴァルツシルト・アインシュタイン図
③ ハッブル・ルメートル図

問 4　彗星の主成分として適切なものを、次の①～③のうちから一つ選べ。

①　水素とヘリウム　　②　氷　　③　鉄

問 5　太陽の進化として正しく記述したものを、次の①～③のうちから一つ選べ。

① 分子雲 → 原始星 → 主系列星 → 赤色巨星 → 惑星状星雲
② 惑星状星雲 → 原始星 → 主系列星 → 赤色巨星 → 分子雲
③ 原始星 → 赤色巨星 → 分子雲 → 主系列星 → 惑星状星雲

問６　太陽で起こる現象の一つとしてフレアがあげられる。フレアについて述べた文として最も適当なものを、次の①～④のうちから一つ選べ。

① 彩層の一部が突然明るくなる現象である。
② 太陽に小天体が衝突する現象である。
③ 太陽表面で起こる水素の燃焼現象である。
④ 黒点が巨大化する現象である。

問７　太陽のそれぞれの部分を、温度が高い順に並べたものとして最も適当なものを、次の①～④のうちから一つ選べ。

① 黒点　＞　コロナ　＞　光球
② 光球　＞　黒点　＞　コロナ
③ コロナ　＞　黒点　＞　光球
④ コロナ　＞　光球　＞　黒点

問８　現在の太陽のエネルギーは、核融合反応によって生み出されている。この核融合反応が起こっているのは太陽のどの部分か、最も適当なものを、次の①～④のうちから一つ選べ。

① 中心部（コア）
② 黒点
③ プロミネンス（紅炎）
④ 彩層

解答・解説

問1：③

太陽はの中心には核融合反応が起きている核（中心核）があり、表面に相当する光球、その上に薄く広がる彩層、さらに大きく広がるコロナと続きます。したがって、正解は③となります。

問2：②

惑星、準惑星はともに、「太陽のまわりを公転」しています。「十分な質量があるため球形をしている」ことがまず条件となります。両者を満たしている天体のうち、軌道上で重力的に支配的であれば惑星、軌道上で重力的に支配的でなければ準惑星と呼ばれます。重力的に支配的、という表現が難しいですが、自らの軌道を太陽以外の何物にも縛られずに公転できているか否かと言い換えることもできます。たとえば冥王星は海王星の重力にも縛られていて、海王星が3回公転する間に冥王星が2回公転する、という関係が成り立っています。

問3：①

恒星のスペクトル型（色／表面温度）を横軸に、縦軸に恒星本来の明るさをプロットした図を、提唱者の名を取ってヘルツシュプルング・ラッセル図といいます。略してHR図と呼ぶことも多いです。この図から主系列星や赤色巨星の存在が明らかにされました。シュヴァルツシルトはアインシュタインの一般相対性理論を解いてブラックホールが存在することを予言した人物です。ハッブルとルメートルは宇宙が膨張していることを提唱した人物です。したがって、正解は①となります。

問4：②

彗星は、その大部分が氷でできており、その姿は“汚れた雪玉”にたとえられます。氷といっても水だけではなく二酸化炭素の氷（ドライアイス）やメタン、アンモニアの氷も含まれます。彗星は尾を引いた姿が特徴的で「ほうき星」とも呼ばれますが、その尾は、彗星が太陽に近づくことで氷が昇華しガスになることでつくられます。したがって、正解は②となります。

問5：①

太陽は分子雲の中でも特に濃くガスが集まった領域が収縮することで誕生します。その後、原始星を経て、中心部で水素の核融合反応を起こせるようになると安定して輝く主系列星となります。太陽は、一生の大部分を主系列星として過ごしますが、晩年を迎えると大きく膨張し、表面温度が下がり赤色巨星となります。やがて中心部の水素が枯渇して核融合反応が起こせなくなると、外層を宇宙空間に放出して惑星状星雲をつくり、中心部に白色わい星を残します。したがって、正解は①となります。

問６：①

太陽フレアは、磁力線のつなぎ換えなどによって起こる爆発現象で、主に太陽の大気である彩層で発生しています。したがって正解は①となります。②について、太陽に彗星などの小天体が衝突することはしばしば起こりますが、それらは太陽に比べて非常に小さいため太陽に何らかの変化を及ぼすほどの影響はありません。また③について、水素の燃焼（核融合反応）が起きているのは太陽の中心部であり、表面ではありません。④について、黒点はしばしば発達し、巨大化した黒点の周囲でフレアが発生することはありますが、黒点が巨大化すること自体をフレアとはいいません。

問７：④

それぞれの温度は、黒点が 4000 ～ 5000 K（ケルビン）、光球が 6000 K，コロナが 100 万 K です。したがって正解は④となります。黒点は光球よりも温度が低いために黒く見えていますが、黒点だけを取り出して見れば明るく輝いています。太陽は中心部から外縁部に行くほど温度が下がりますが、コロナは光球より外側にあるにも関わらず温度が非常に高くなっています。

問８：①

核融合反応は，温度が 1000 万 K を超えないと起こりません。太陽でそれだけ高温になっているのは中心部（コア）だけです。したがって①が正解となります。

3. 太陽系の中の地球

太陽系、そして地球の誕生は、2章の9.で扱う地球の歴史に、そして私たちに直接つながる内容です。今なお天文学の最前線でもあり、すべてが明らかにされているわけではありませんが、そこが面白いところでもあります。基本的な流れをしっかりと押さえておきましょう。

太陽系の誕生

太陽系の誕生

およそ 46 億年前、超新星爆発によって撒き散らされ、宇宙を漂っていたガスや塵（分子雲）が何らかのきっかけで収縮をはじめます。特に密度が高い部分は周囲のガスを集めさらに成長し、原始星となります。その周囲にはゆっくりと回転するガスと塵の円盤がつくられました。これを**原始太陽系円盤**（**原始太陽系星雲**）といいます。地球をはじめとする太陽系の天体はこの中で生まれました。

参考　超新星爆発

超新星爆発とは、太陽の 8 倍以上の恒星が最期を迎えるときに引き起こす大爆発。これにより、恒星をつくっていた物質が宇宙空間にばらまかれる。

原始太陽系円盤と微惑星

はじめ、高温だった原始太陽系円盤の中では塵も蒸発してガスとなっていましたが、次第に冷えて不揮発性の物質は凝縮して塵へと戻り、円盤の中心部へと沈んでいきました。塵は電気的な力によってゆっくりとくっつき始め、やがて重力で塵同士が引き付け合って衝突合体を繰り返し、直径が 10 km 程度の小天体へと成長していきます。これを**微惑星**といいます。

【参照】
原始太陽系円盤の想像図
ヨーロッパ南天文台より

惑星、そして地球の誕生

原始地球の誕生

微惑星はさらに衝突合体を繰り返し、その結果、太陽を公転する十数個の**原始惑星**がつくられます。太陽から離れるほど揮発性物質が固体（氷）となるため微惑星の数は増え、原始惑星も大きくなったと考えられています。

やがて中心部で太陽が核融合反応を始め主系列星となると、輝きを増した太陽によって周囲のガスが吹き払われます。そのため太陽に近い領域では原始惑星がそのまま惑星となるか（水星や火星）、原始惑星同士がさらに衝突・合体を引き起こして惑星がつくられました（金星や地球）。太陽から離れた領域ではガスがまだ残されていたため、原始惑星が周囲のガスを重力で引き寄せ、巨大ガス惑星となりました（木星や土星）。さらに太陽から離れた領域では微惑星が成長する速度が遅く、原始惑星へと成長できた頃には周囲のガスが失われてしまっていました。そのためわずかなガスをまとった氷の巨大惑星がつくられたのです（天王星や海王星）。

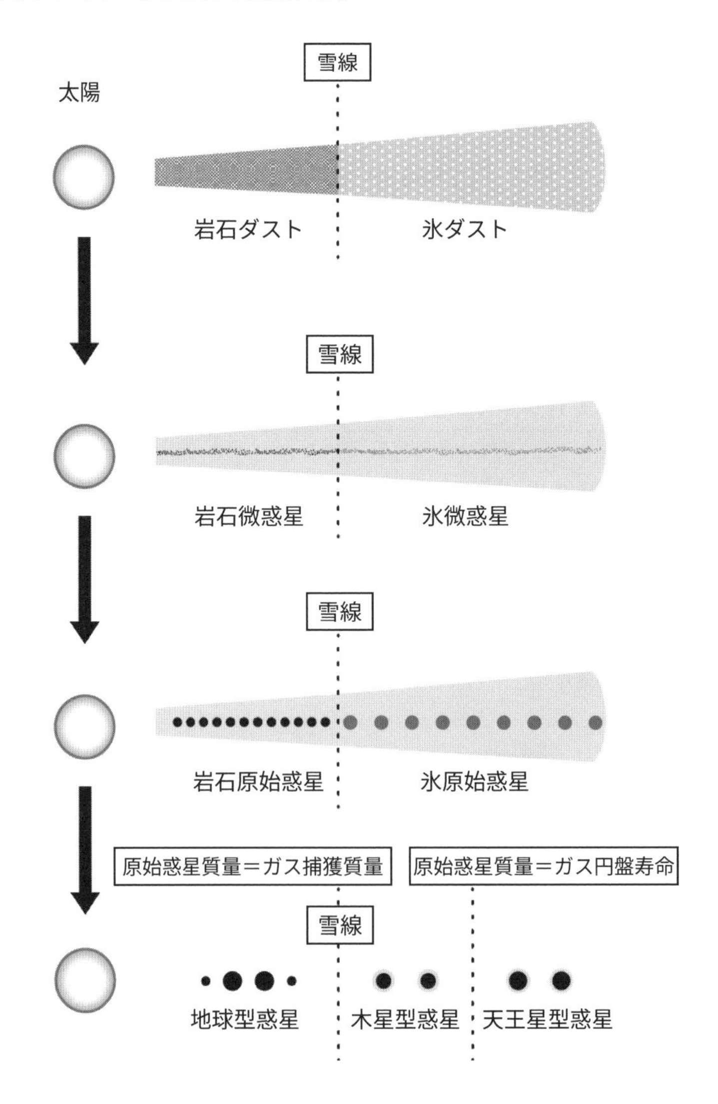

《 原始大気と原始海洋 》

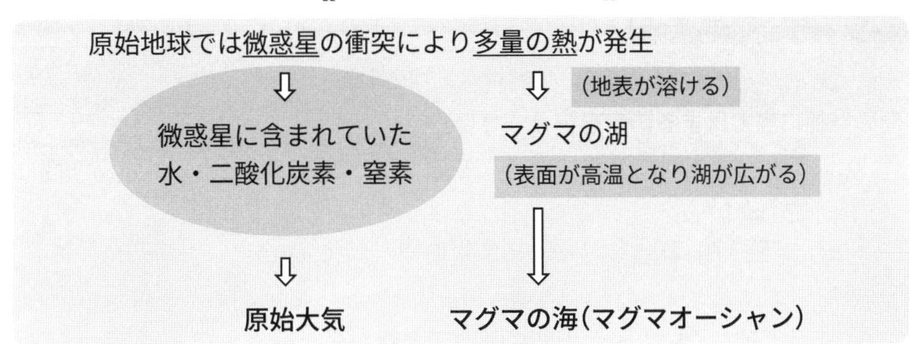

➡ 微惑星の衝突が減って地表の温度が下がると、マグマオーシャンの表面が固まり地表がつくられた。また、大気中の水蒸気が上昇して雲を生じ、雨が長期間降り続いて原始海洋を形成した。

生命の誕生

生命の誕生については様々な説が出され決着はついていませんが、原始海洋の中で誕生したとする説が有力です。

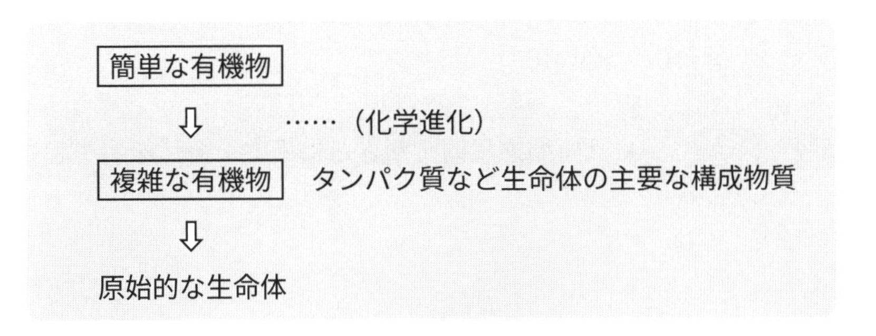

Step｜基礎問題

（　　）問中（　　）問正解

■ 各問の空欄に当てはまる語句を答えなさい。

問１　太陽系をつくる材料となったガスや塵は（　　　　　）によって宇宙空間に撒き散らされた。

①　原始太陽系星雲　　②　超新星爆発　　③　微惑星

問２　生まれて間もない太陽の周囲にはガスと塵からなる（　　　　　）がつくられた。

①　微惑星　　②　原始惑星　　③　原始太陽系円盤

問３　微惑星の衝突合体によって十数個の（　　　　　）がつくられた。

①　原始太陽系円盤　　②　惑星　　③原始惑星

問４　原始地球は、微惑星の衝突によって多量の熱が発生し地表が融け、表面は（　　　　　）となった。

①　マグマの海　　②　原始海洋　　③　原始大気

問５　微惑星の直径はおおむね（　　　　　）km であった。

①　8　　②　10　　③　46

問６　地球と（　　　　　）は原始惑星同士がさらに衝突・合体を引き起こして惑星となった。

①　金星　　②　木星　　③　火星

問７　水星と（　　　　　）は原始惑星がそのまま惑星になったと考えられている。

①　金星　　②　木星　　③火星

問８　木星や土星は（　　　　　）が自らの重力で周囲のガスをあつめることで成長した。

①　原始惑星　　②　微惑星　　③　原始太陽系星雲

解　答

問1：②　問2：③　問3：③　問4：①　問5：②　問6：①　問7：③　問8：①

問 9　原始惑星系円盤内の塵が衝突合体を繰り返し（　　　　）がつくられた。
① 微惑星　② 原始太陽系星雲　③ 原始惑星

問 10　地球の原始海洋中で簡単な有機物から（　　　　）など複雑な有機物がつくられていった。これを化学進化という。
① 塵　② タンパク質　③ 水蒸気

問 11　太陽から離れるほど微惑星の数が増える。これは微惑星の材料に（　　　　）が加わるためである。
① タンパク質　② 塵　③ 氷

問 12　原始地球では大気中の水蒸気が上昇して雲を生じ、雨が長期間降り続いて（　　　　）を形成した。
① 原始海洋　② マグマオーシャン　③ 原始地球

問 13　原始大気は微惑星に含まれていた水蒸気・（　　　　）・窒素などでつくられた。
① 酸素　② メタン　③ 二酸化炭素

問 14　最初の生命は（　　　　）の中で誕生したと考えられている。
①氷　②原始海洋　③微惑星

問 15　（　　　　）など生命体の主要な構成物質である複雑な有機物がつくられるようになった後に生命が誕生した。
①タンパク質　②水　③窒素

解　答

問9：①　問10：②　問11：③　問12：①　問13：③　問14：②　問15：①

（　）問中（　）問正解

■ 次の問いを読み、問１～問８に答えよ。

問１　太陽系ができたころのそれぞれの天体の形成された順序として適切なものを、次の①～③のうちから一つ選べ。

① 原始太陽 → 微惑星 → 惑星
② 惑星 → 原始太陽 → 微惑星
③ 惑星 → 微惑星 → 原始太陽

問２　天王星や海王星はなぜ木星や土星のようなガス惑星になれたなかったのか。その理由として適切なものを、次の①～③のうちから一つ選べ。

① 太陽から離れていたため温度が低く、ガスがすべて凍りついてしまったため。
② 太陽から離れていたため微惑星の成長が遅く、原始惑星がつくられるころにはガスが失われていたため。
③ 太陽から離れていたため太陽の重力が弱く、ガスが引き留めておくことができずそもそもガスが存在していなかったため。

問３　太陽から離れるほど原始惑星が大きく成長できたのはなぜか。その理由として適切まものを、次の①～③のうちから一つ選べ。

① 太陽から離れていたため太陽の重力に邪魔をされず微惑星同士が衝突合体できたため。
② 太陽の光のエネルギーで内側にあった微惑星が外側へと運ばれたため。
③ 太陽から離れるほどガスが氷となり、微惑星の材料が増えたため。

問 4　原始海洋と原始大気について正しく述べているものを、次の①～③のうちから一つ選べ。

① 原始大気は微惑星に含まれていた窒素や酸素がもとになってつくられた。
② 原始海洋とは、微惑星の衝突に伴う熱で地表が融けてできたマグマの海のことである
③ 原始海洋は、原始大気に含まれていた水蒸気が雲となり、雨が降り続くことでつくられた。

問 5　地球の誕生から生命の誕生に至る過程で起きたことを、正しい順に並べているのは次のうちどれか。次の①～③のうちから一つ選べ。

① 超新星爆発 → 原始星の誕生 → 原始惑星の誕生 → 化学進化
② 原始星の誕生 → 超新星爆発 → 化学進化 → 原始惑星の誕生
③ 原始星の誕生 → 超新星爆発 → 原始惑星の誕生 → 化学進化

問 6　次の図は惑星の公転軌道面を横から見た模式図であり、●は原始太陽、☀は現在の太陽を表し、灰色の部分は原始太陽系星雲の広がりを示している。原始太陽系星雲のようすと、現在の太陽系のようすを表したものはどれか、最も適当なものを、次の①～④のうちから一つ選べ。

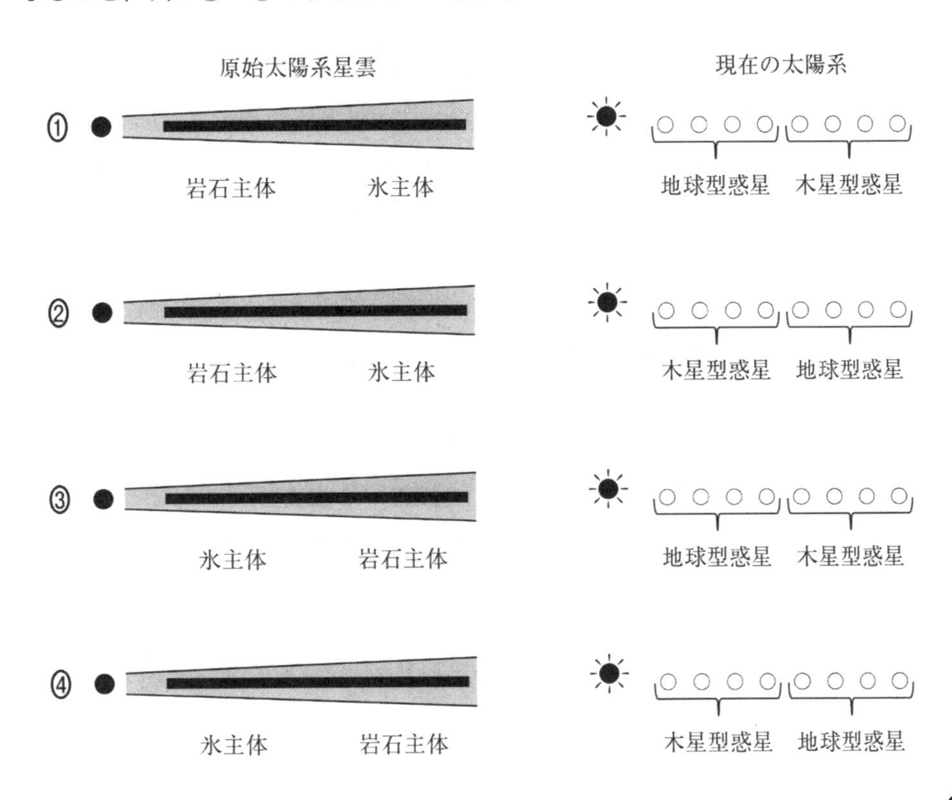

問７　原始太陽系星雲の中で、固体成分（塵）が衝突と合体を繰り返しながら、直径10km程度に成長した天体として最も適当なものを、次の①〜④のうちから一つ選べ。

① 微惑星
② 彗星
③ 流星
④ 準惑星

問８　原始地球が大きく成長したころの地表面は、原始大気の保温効果や天体の衝突エネルギーにより、とけていたと考えられる。この状態の名称として最も適当なものを、次の①〜④のうちから一つ選べ。

① 溶岩台地
② ホットプルーム
③ マグマオーシャン
④ マグマだまり

解答・解説

問 1：①

中心に原始太陽がつくられた後、周囲にできたガスや塵からなる原始太陽系円盤の中で直径 10km 程度の微惑星と呼ばれる小さい天体が無数に生じました。惑星は微惑星の衝突や合体によってできました。したがって、正解は①となります。

問 2：②

微惑星は、太陽から離れれば離れるほど、その動く速さが遅くなります。すると他の微惑星と衝突合体する機会が減り、原始惑星へと成長するまでに時間がかかります。天王星や海王星のもとになった原始惑星が成長するころには、主系列星へと成長した太陽の影響でガスが吹き払われ、周囲から失われていました。そのため天王星や海王星は氷惑星となったのです。

たしかに天王星と海王星は低温ですが、水素やヘリウムが凍りつくほどではありません。またガスを引き留めておけないほど重力が弱ければ、微惑星も引き留めておけません。したがって、正解は②となります。

問 3：③

原始惑星系円盤には塵とともにさまざまな揮発性物質（ガス）が含まれていました。それらは太陽から離れるにつれて凍って固体になっていきます。揮発性物質がガスとして存在できるか氷になるかの境目を雪線といいます。32 ページの図には雪線が 1 つしか書き込まれていませんが、物質によって雪線の位置（太陽からの距離）は異なります。それは物質によって凝固点が違うためです。よって太陽から離れれば離れるほどいろいろなガスが氷となり結果として塵の量、ひいては微惑星の数が増えていくのです。したがって、正解は③となります。

問 4：③

原始大気にはほとんど酸素は含まれていなかったので①は誤りです。また原始海洋のでき方は③が正しく、②は誤りとなります。マグマの海と原始海洋はまったくの別物で、微惑星の衝突頻度が減り、マグマの海が冷えてかたまり、その上に雨が降って原始海洋はつくられました。

問５：①

超新星爆発によって撒き散らされたガスや塵が集まることで太陽系、そして地球はつくられました。そのため、そもそもの始まりは超新星爆発ともいえます。原始惑星は原始星の周囲につくられたガスと塵の円盤、原始惑星系円盤の中で塵が、そして微惑星が集まってつくられました。よって原始星と原始惑星は、原始星の方が先につくられたことになります。化学進化は生命が誕生する前の段階で、すでに地球に原始海洋がつくられたあとのできごとです。したがって、正解は①となります。

問６：①

原始太陽系星雲において、太陽に近い領域では岩石主体の塵が形成されましたが、太陽からある程度遠ざかると水や二酸化炭素といった揮発性物質が凝固し氷となり、氷主体の塵が形成されるようになります。岩石主体の塵が集まってつくられたのが岩石でできた水星、金星、地球、火星の地球型惑星で、氷主体の塵が集まってつくられた原始惑星に大量のガスが引き寄せられてつくられたのが木星、土星、天王星、海王星の木星型惑星です。したがって、①が正解となります。

問７：①

塵が原始太陽系星雲において衝突と合体を繰り返して成長した天体を、微惑星といいます。したがって、①が正解となります。②の彗星は主に氷でつくられた天体で、太陽のまわりを細長い楕円軌道を描いて公転するものが多く、太陽に近づくと氷が昇華して長い尾を伸ばします。③の流星は宇宙空間を漂う小さな塵が地球大気に高速で飛び込んで発光する現象です。④の準惑星は太陽のまわりを公転し球形を保てるほどの大きな質量をもちつつ、自らの軌道から他の天体を一掃できていない天体のことで、太陽系にはケレス、冥王星、エリス、マケマケ、ハウメアの５つしかありません。

問８：③

原始地球において、表面全体が融けていた状態をマグマオーシャンといいます。したがって、③が正解です。①の溶岩台地は、玄武岩質のマグマが大量に噴出し積み重なってつくられた大規模な台地です。②のホットプルームは高温になったマントルが上昇する地球内部の流れのことです。④のマグマだまりは、地殻内のマグマが蓄積されている部分のことをいいます。

第2章
地球の活動と移り変わり

1. 地球の形と大きさ

地球が丸いことは、はるか古代より知られている事実です。宇宙に出ることができなかったにも関わらずなぜ地球の形やその大きさを知ることができたのでしょうか。その原理を理解しましょう。また、丸いといっても地球の形は真球ではありません。地球の形をどう表現すればいいか、考えてみましょう。

地球の構造

地球は、固い表面を持つ岩石でできた惑星です。その表面〜内部の固体部分を固体地球や**固体地球圏**といいます。地球の大きな特徴のひとつは海や川など表面に液体の水を湛(たた)えていることです。これら液体の水の部分を総称して**水圏**といいます。そして固体地球圏や水圏は気体（大気）に覆われています。これが**大気圏**です。地球は大まかに、固体地球圏、水圏、大気圏の３つに分けて考えることができるのです。

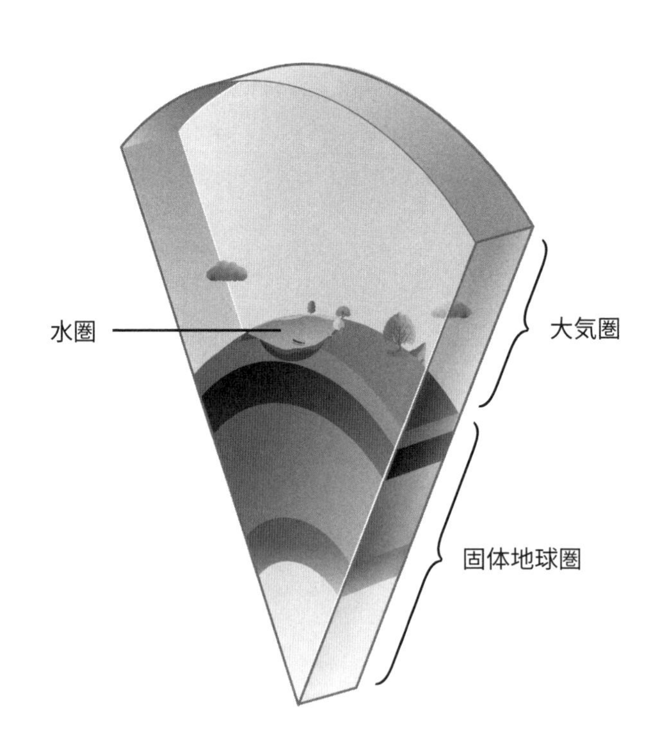

地球の正確な形と大きさ

地球は丸い、としばしばいわれます。地球のイラストも大抵は丸く描かれています。しかし、実際の地球の形は単純な球体ではありません。なお、ここでいう地球の形とは、固体地球圏の形です。

地球の形を決めるもっとも大きな要因は地球の自転です。ヒマラヤ山脈（標高 8848 m）やマリアナ海溝（深さ 10920 m）など山や谷といった地形ももちろんありますが、それらは半径が 6300 km を超える地球にとっては大した凹凸ではありません。地球は自転をしているために、自転軸とは直行する方向、つまり赤道方向にややつぶれた形をしています。そのため、地球の形を表すときは回転だ円体で近似します。地球の形にもっとも近い回転だ円体を**地球だ円体**といいます。

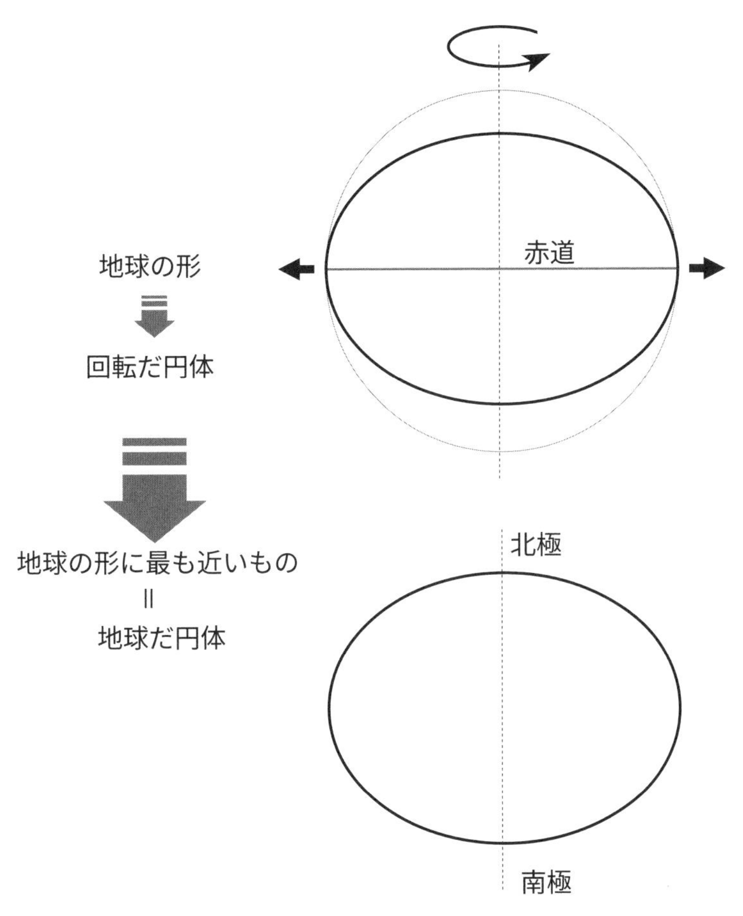

地球だ円体

地球だ円体は、極方向の半径（極半径）が約 6357 km、赤道方向の半径（赤道半径）が約 6378 km の回転だ円体です。円周は 2 ×円周率×半径ですから、北極南極を通る大円の円周（これが経線に相当します）は約 40008 km、赤道での円周は約 40075 km です。極半径と赤道半径の差はわずか約 21 km にすぎません。なので、地球は丸い（球体）といってもあながち間違いではないのです。

▲アポロ17号の乗組員が月へ向かう途上で撮影した地球の全景。ほとんど円に見える。

参 考

◉ 真球に対しどれだけつぶれているか、その程度を表すのが「扁平率（へんぺいりつ）」だ。扁平率は以下の式で求めることができる。

$$\frac{\text{赤道半径}-\text{極半径}}{\text{赤道半径}}=\frac{6378\text{ km}-6357\text{ km}}{6378\text{ km}}=\frac{1}{298}$$

◉ 地球の中心をとおる平面で切ったときの切り口の円周のことを大円という。

『偏平率』＝小さい…… 球がわずかにつぶれているだけ

「回転だ円体」≒「球」…… 半径約6370 km

エラトステネス

地球の大きさを初めて求めたのは、紀元前 3 世紀のギリシアの科学者**エラトステネス**だと言われています。彼は、シエネという都市で夏至の日に井戸の底に太陽の光が差す、つまり太陽が真上に来ることを知り、そこから地球の大きさを計算できることに気づきました。夏至の日、アレクサンドリアという都市では太陽が頭の真上から 7.2 度ほど傾いており（この角度は地面に垂直に立てた棒の影から求められます）、その角度がシエネとアレクサンドリアの緯度の差に基づくものと考えたのです。地球の形を球と仮定すればシエネ～アレクサンドリア間の距離と緯度差から地球の円周を計算することができます。円周がわかれば、半径もわかるというわけです。

エラトステネスが求めた地球 1 周分の長さは 45000 km。現在の測定値と比べても遜色ない値といえます。

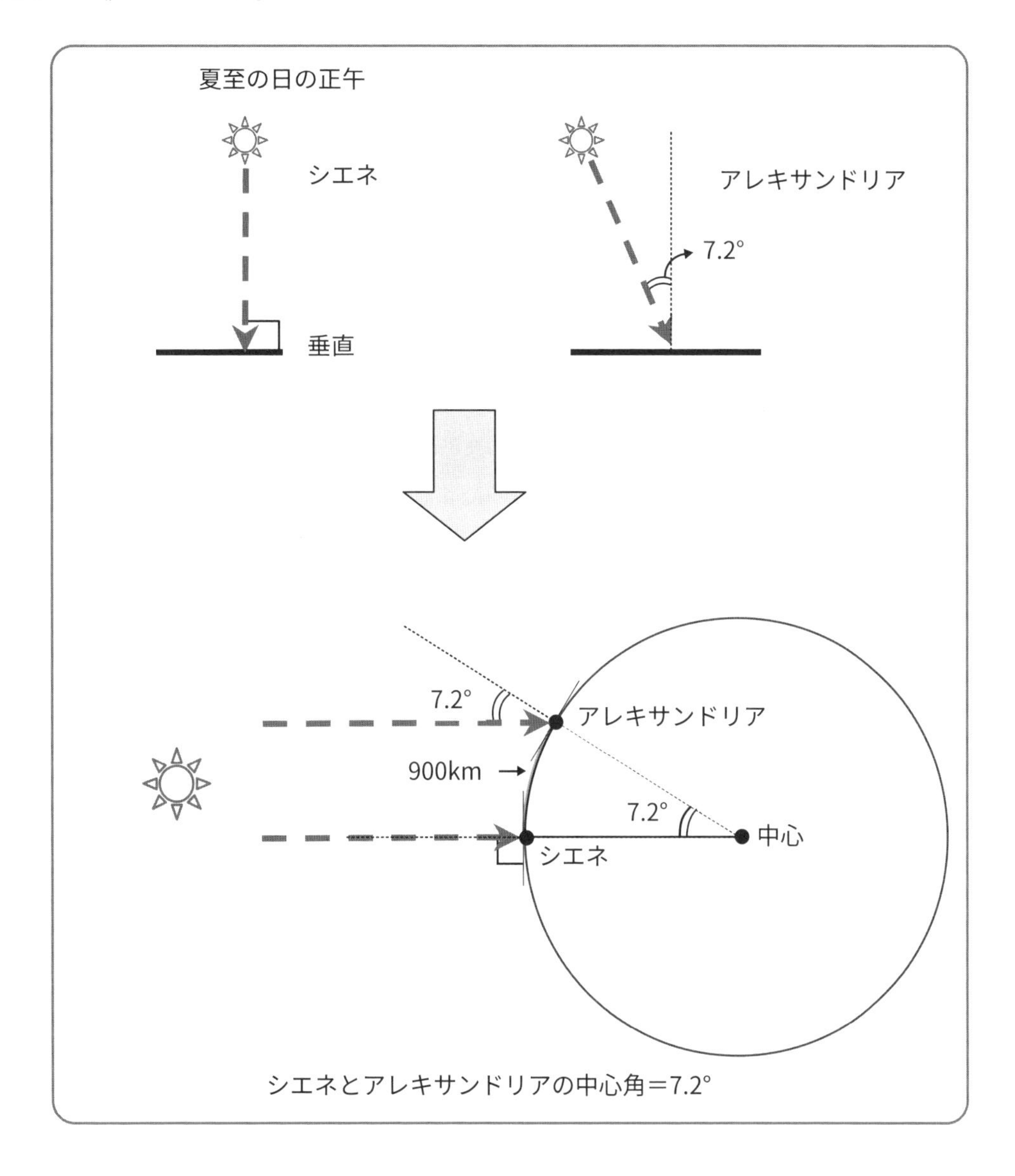

シエネとアレキサンドリアの中心角＝7.2°

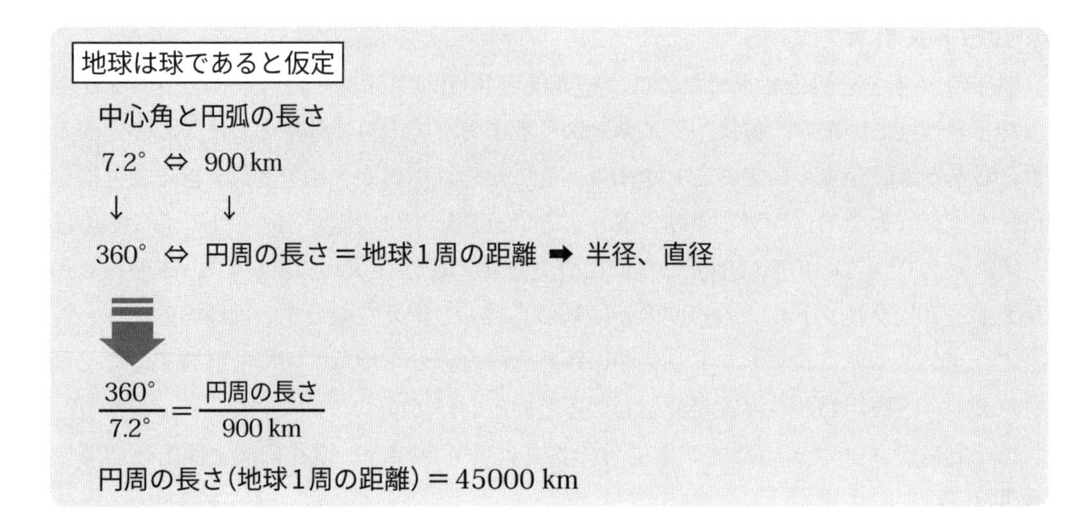

重力と地磁気

重力

私たちを含む地球上の物体には、**重力**がはたらいています。重力は、地球と物体の間にはたらく**万有引力**と地球の自転による見かけの力である**遠心力**との合力です。万有引力は物体の間の距離の２乗に反比例します。つまり北極上と赤道上では、赤道上の方が重力は小さくなります。一方、遠心力は回転軸からの距離に比例して大きくなりますから、赤道上でもっとも大きくなります。つまり、地球の表面にある物体にかかる重力は、赤道で小さく、北極南極で大きくなるのです。

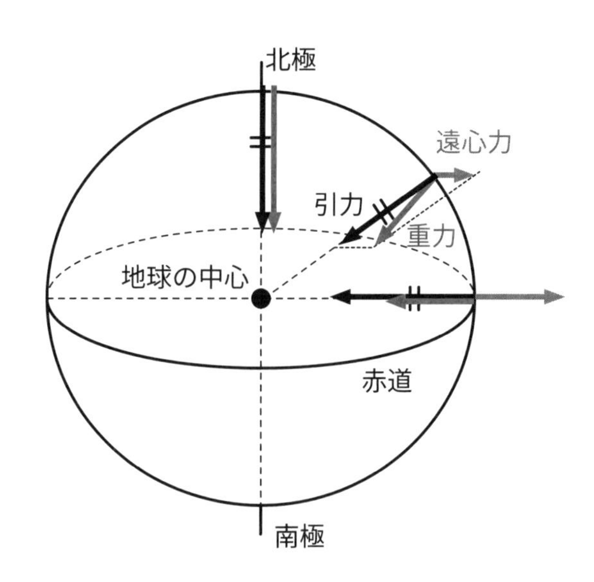

地磁気

地球は全体として大きな磁石と考えることができます。北極側がＳ極、南極側がＮ極です。なので、方位磁針のＮ極が北を向くのです。ただし、地理的な北極南極（地軸と地球表面とが交わるところ）と、地球を磁石と考えたときの北極南極（これを磁極といいます）は一致しません。そのために生じる両者の差を**偏角**といいます。

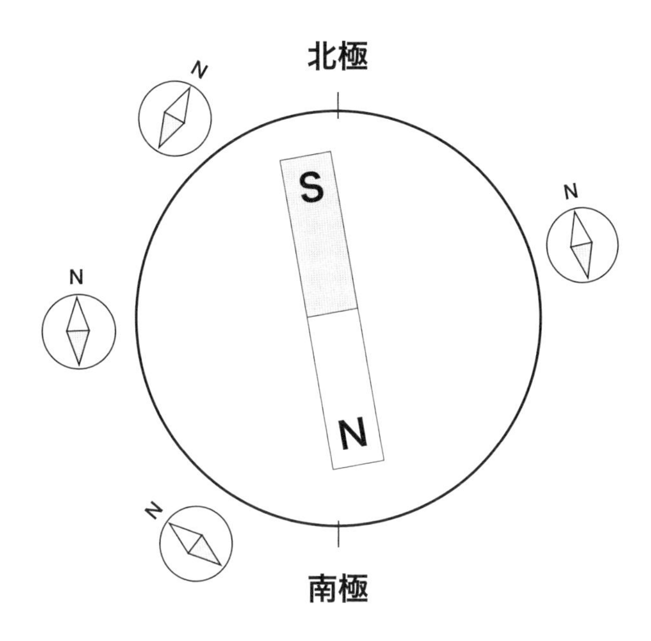

（　）問中（　）問正解

■ 各問の空欄に当てはまる語句をそれぞれ①～③のうちから一つずつ選びなさい。

問１　地球は大きく（　　　　）の部分からなりたっている。
① １つ　② ２つ　③ ３つ

問２　地球の正確な形は（　　　　）である。
① 回転だ円体　② 球　③ ラグビーボール型

問３　地球は（　　　　）につぶれている。
① 地軸方向　② 赤道方向　③ 極方向

問４　地球の赤道半径は（　　　　）である。
① 6378 km　② 6357 km　③ 6387 km

問５　地球の円周は（　　　　）である。
① 約 35000 km　② 約 40000 km　③ 約 45000 km

問６　回転だ円体が真球に対しどれだけつぶれているかは（　　　　）で表す。
① 偏平率　② 離心率　③ 曲率

問７　地球の大きさを初めて測ったと言われるのは、紀元前３世紀頃のギリシアの科学者（　　　　）である。
① アルキメデス　② エラトステネス　③ アポローン

問８　エラトステネスが地球の大きさを求めるのに利用した町はシエネと（　　　　）である。
① アテネ　② アレキサンドリア　③ カイロ

問９　地球上の物体にはたらく重力は、万有引力と（　　　　）の合力である。
① 静電気力　② 遠心力　③ コリオリ力

問10　地球を大きな磁石と考えたとき、N 極はおおよそ（　　　　）のあたりにある。
① 北極　② 南極　③ 赤道

解　答

問1：③　問2：①　問3：②　問4：①　問5：②　問6：①　問7：②　問8：②
問9：②　問10：②

（　）問中（　）問正解

■ 次の問いを読み、問１～問７に答えよ。

問1　地球が赤道方向につぶれている理由として適切なものを、次の①～③のうちから一つ選べ。

① 重力　② 公転　③ 自転

問2　地球の偏平率として適切なものを、次の①～③のうちから一つ選べ。

① 約278分の1　② 約298分の1　③ 約320分の1

問3　エラトステネスが地球の大きさを求めるのに利用した図形の関係として適切なものを、次の①～③のうちから一つ選べ。

① 円の半径と円周の長さの関係　② 円周角と中心角の関係
③ 中心角と円弧の長さの関係

問4　中心角が20°で円弧の長さが5 cmの扇形があるとき、円周の長さはいくつか。適切なものを、次の①～③のうちから一つ選べ。

① 30 cm　② 60 cm　③ 90 cm

問5　偏角が生じる理由として適切なものを、次の①～③のうちから一つ選べ。

① 地磁気に加え太陽の地場の影響を受けるため
② 地理的な極と磁極の位置が一致していないため
③ 地球が自転しているため

問6　下図は地球の断面図を模式的に表したものである。最も適当なものを、次の①～④のうちから一つ選べ。

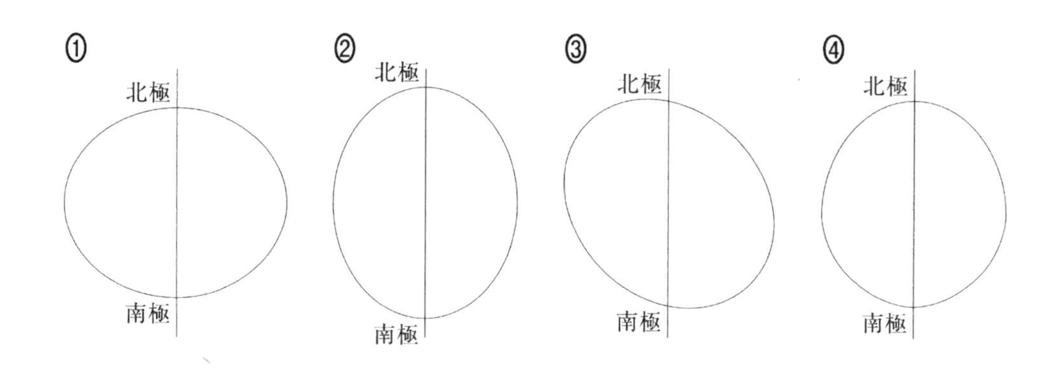

問7　地球は赤道方向に膨らんだ回転楕円体であり、回転楕円体のつぶれ具合を扁平率といい、次の式で表される。

$$扁平率 = \frac{赤道半径 - 極半径}{赤道半径}$$

地球の扁平率は約 1/300 であることが知られている。土星の赤道半径は約 60000 km、極半径は約 54000 km としたときの土星の扁平率と、地球と土星の形状比較について述べた文の組合せとして最も適当なものを、次の①～④のうちから一つ選べ。

	土星の扁平率	地球と土星の形状の比較
①	1/10	土星の方が地球より球に近い
②	1/10	地球の方が土星より球に近い
③	1/1000	土星の方が地球より球に近い
④	1/1000	地球の方が土星より球に近い

解答・解説

問1：③

地軸を中心に回転している運動＝自転の遠心力です。したがって、正解は③となります。

問2：②

赤道半径 6378 km のうち 21 km ほどつぶれています。偏平率＝$\frac{21\ \mathrm{km}}{6478\ \mathrm{km}} \fallingdotseq \frac{1}{298}$
したがって、正解は②となります。

問3：③

2点間の太陽の見える方向の角度の差が中心角、2点間の距離が円弧の長さです。したがって、正解は③となります。

問4：③

$$\frac{360^\circ}{\text{中心角}} = \frac{\text{円周の長さ}}{\text{円弧の長さ}}$$

問5：②

偏角とは、地理的な極と磁極の位置が異なるために方位磁針が指す北（南）と実際の北（南）がずれるために生じます。日本での偏角は −4 度〜 −11 度で、西ほど値が小さくなります。沖縄県で −5 〜 −6 度、北海道で約 −10 度です。登山やハイキングなどのとき、方位磁針を頼りに方位を求めるときは、偏角を考慮しないと迷ってしまいますよ！

問6：①

地球の形は南北方向につぶれた（つまり東西方向＝赤道方向にふくらんだ）回転楕円体として考えることができます。したがって①が正解となります。これは、地球が自転することで発生する遠心力が、地軸に対し直角方向である赤道方向で最大となるためです。

問7：②

土星の偏平率は、(60000 − 54000) ÷ 60000 ＝ 1/10 となります。偏平率は数字が小さいほどつぶれていない＝その形が球に近いことを表します。地球の偏平率は 1/300 であることから、正解は②となります。なお、土星の方が地球より大きな偏平率を持つ理由として、地球に比べ土星の自転速度が大きく赤道方向により強い遠心力が働くこと、土星が主にガスでできていて岩石でできた地球に比べ変形しやすいことが挙げられます。

2. 地球内部の層構造

前項でも触れましたが、地球の内部は物理的状態や主成分などによって分けられ、中心から地表にいたる層構造をつくっています。しかし、現在の技術では地球の層構造を明らかにできるほど地下を掘り進めることはできません(日本の地球深部探査船「ちきゅう」はマントルまでの掘削を目標としていますが未だ達成していません)。それでは、地球の内部構造はどのように推定されたのでしょうか。その鍵となるのが「地震波」です。

Hop｜重要事項

地震波の伝わり方と地球の内部構造

地球の表面～内部の固体部分である固体地球は、層構造をしています。これは、微惑星と呼ばれる小天体が衝突・合体を繰り返して地球をつくったとき、その衝突エネルギーが熱エネルギーに変わり地球全体がドロドロに融けることで生じました。全体が融けた地球は鉄などの重い物質が中心部へと沈む一方、軽い物質が表面へと浮き上がっていったためです。

地球表面を覆う殻に相当する部分が**地殻**です。その性質は大陸と海洋で異なり、海洋地殻は比較的新しくて薄く、大陸地殻は古くて厚いです。海洋地殻は主に玄武岩から、大陸地殻は主に花こう岩からできています。

地殻の下部が**マントル**です。マントルは固体ですが、長期間にわたって力がかかり続けるとゆっくりと変形し流動します。マントルは、それをつくる岩石の性質から上部マントルと下部マントルに分けることができます。マントル（特に上部）は主にかんらん岩からできています。

マントルの下部＝地球の中心部が**核**です。核は主に鉄とニッケルでできていて、液体の**外核**と固体の**内核**に分けられます。

参考

◉ マントルは、実に地球の体積の約 80％を占める。実際に体積を大まかに計算して、他の部分の体積を比べてみては。

◉ かんらん岩は主にかんらん石でできた岩石。きれいな結晶となったかんらん石は宝石としても扱われ、ペリドットと呼ばれる。

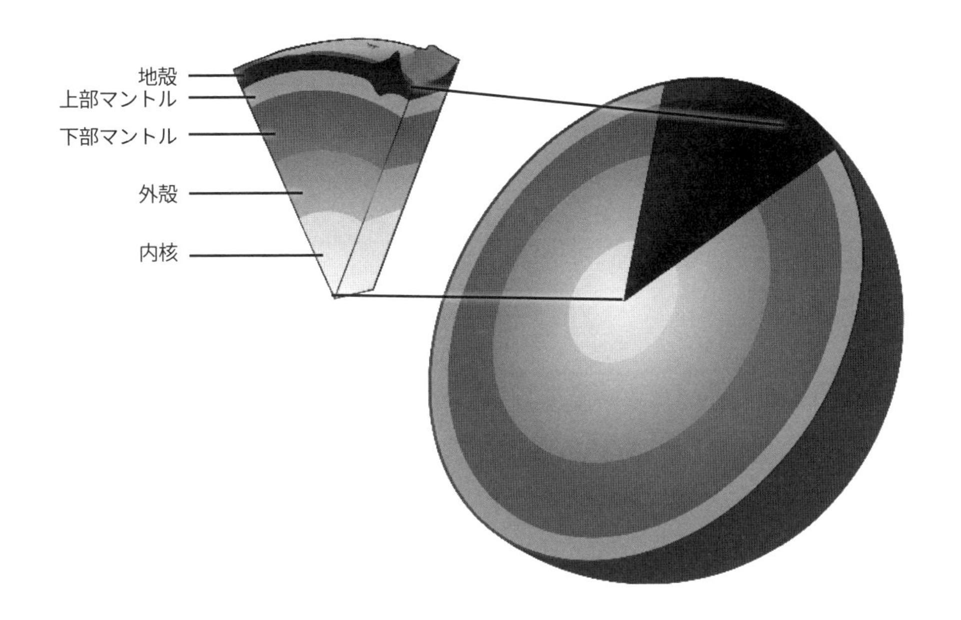

このような地球の内部構造は、地震波を調べることで明らかにされてきました。波は、媒質（ここでは岩石など）の性質が変わることで進行方向や速度が変わるため、地震波の波形を観測するだけで地表にいながらにして地球の内部を探ることができるのです。

地震波には主に、最初に到達し初期微動を引き起こすＰ波と、続いて到達し主要動を引き起こすＳ波に分けることができます。たとえば、震源から角度で 103 度から 143 度の範囲にはＰ波はほとんど伝わらず、Ｓ波は 103 度以上のところにはまったく伝わりません。このことから地球の内部の深いところに不連続な面があり、核の存在が明らかになりました。また、地震波の観測精度が上がると震源から角度で 103 度から 143 度の範囲にもわずかに弱い地震波が観測されるようになり、そのことから核の内部にもさらに不連続な面があると推測されるようにました。こうして核が外核と内核の２層に分かれていること、さらにＳ波がまったく伝わらない範囲があることから外核が液体であることがわかったのです。

参考

地震波がほとんど伝わらない、震源から角度で 103 度から 143 度の範囲をシャドーゾーンと呼ぶ。

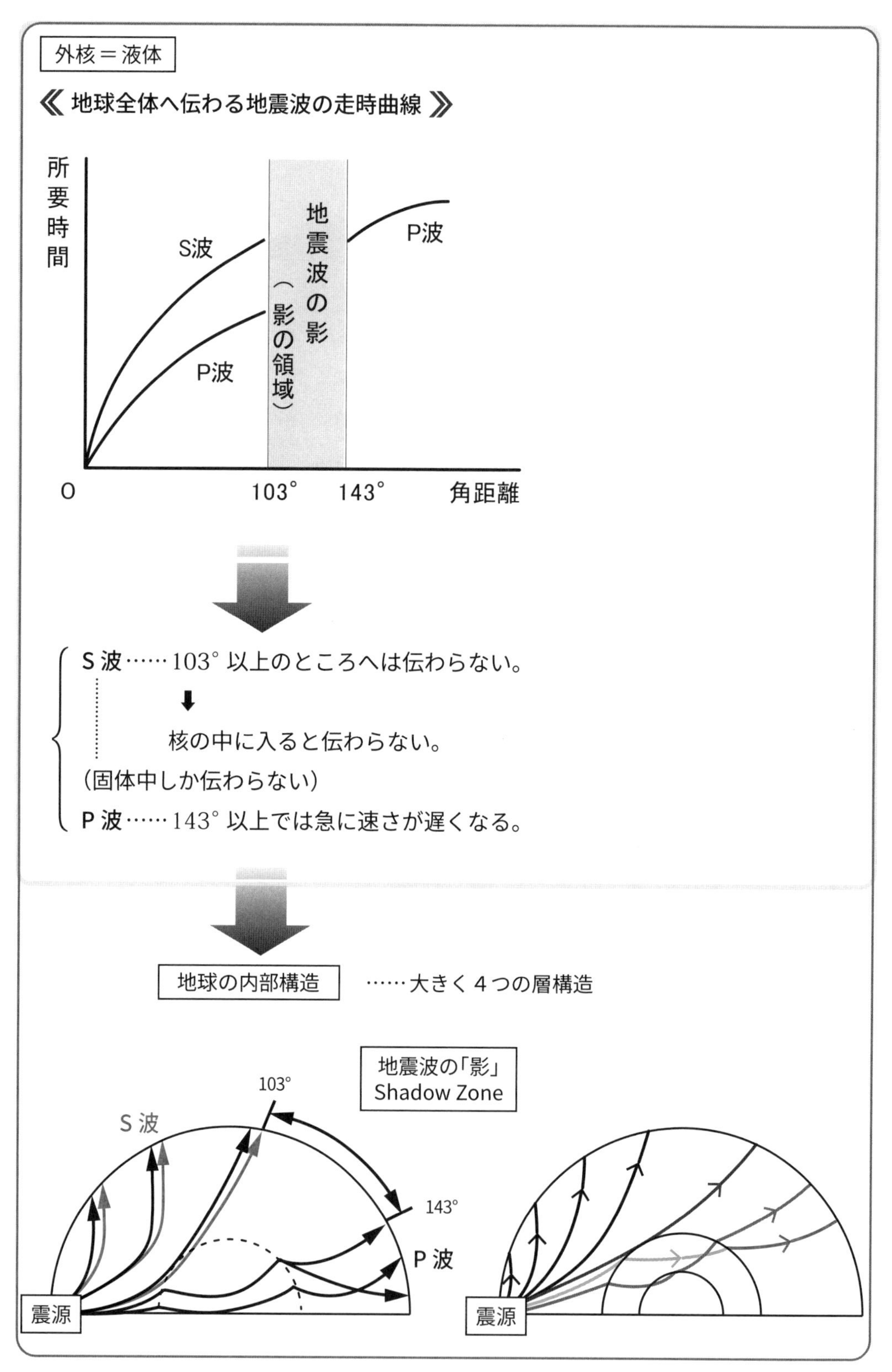

こうして、地震波の観測から、地球の内部が大きく 4 つに分かれていることが明らかとなりました。

地殻の構造

地殻は地球の表層にあたる部分で、その厚みは 5 ～ 60 km と大きく幅があります。基本的に海洋部分は薄く、大陸部分は厚いです。大陸部分は標高が高いほど厚く、このことから、氷が水に浮くのと同じように地殻がマントルに浮いているという考え方があります。これをアイソスタシー（地殻均衡論）といいます。水の上に出ている部分が大きい氷ほど、水面下にある部分も大きいことと同じですね。

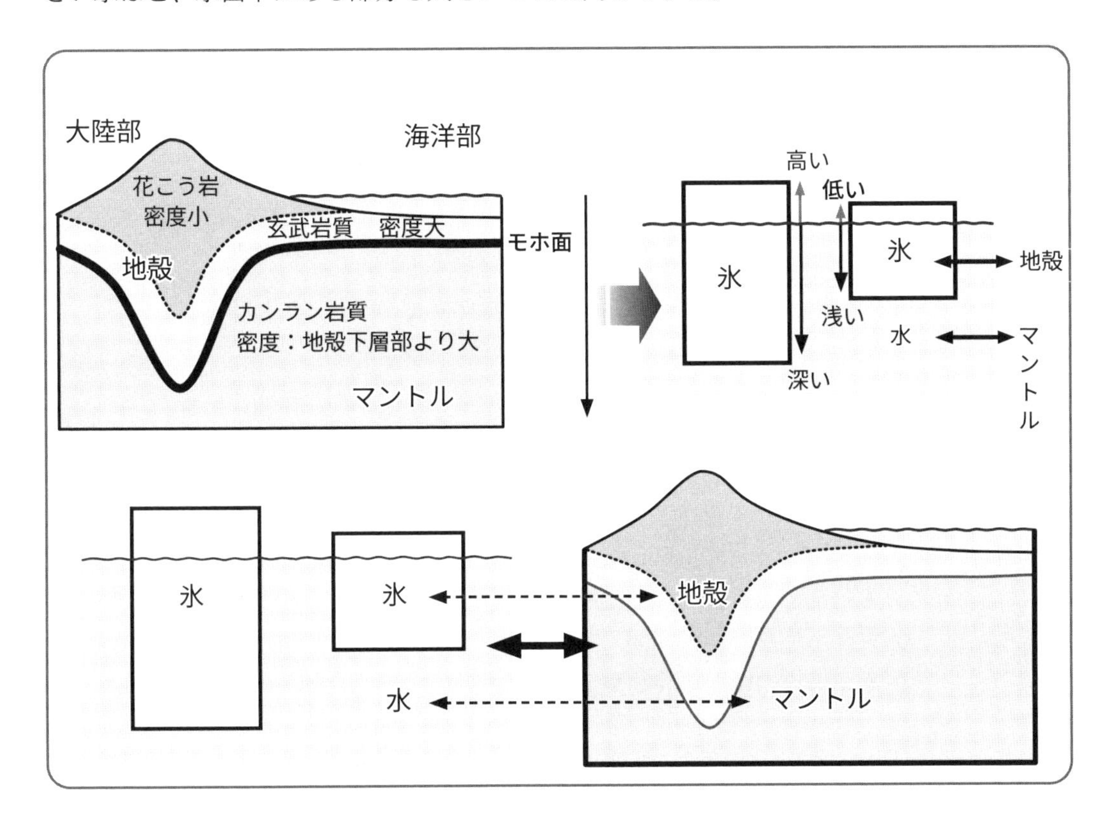

《 アイソスタシーの証明 》

北ヨーロッパのスカンジナビア半島は最近の1万年間で地表が300 m 上昇した
➡ 地表の上にあった厚い氷河が融けて地殻が軽くなったため。

Step｜基礎問題

（　）問中（　）問正解

■ 各問の空欄に当てはまる語句をそれぞれ①～③のうちから一つずつ選びなさい。

問１　固体地球の一番外側にある層は（　　　）である。
　① 核　② マントル　③ 地殻

問２　固体地球の外側から２番目にある層は（　　　）である。
　① 核　② マントル　③ 地殻

問３　地球の核は主に（　　　）とニッケルでできている。
　① 鉄　② ケイ素　③ 銅

問４　最初に到達し初期微動を引き起こす地震波を（　　　）と呼ぶ。
　① Ｌ波　② Ｐ波　③Ｓ波

問５　地球内部の層構造のうち、液体であると考えられている層は（　　　）である。
　① マントル　② 外核　③ 内核

問６　地殻の厚さについて正しいのは（　　　）である。
　① 大陸部で薄く、海洋部で厚い。
　② 大陸部で厚く、海洋部で薄い。
　③ 赤道に近いほど厚くなっている。

問７　地殻の上層部を構成する岩石は（　　　）である。
　① 花(か)こう岩質の岩石　② 玄武(げんぶ)岩質の岩石　③ カンラン岩質の岩石

問８　マントルの上部を構成する岩石は（　　　）である。
　① 花(か)こう岩質の岩石　② 玄武(げんぶ)岩質の岩石　③ カンラン岩質の岩石

問９　地殻がマントルに浮いているという考え方を（　　　）という。
　① プレートテクトニクス　② アイソトープ　③ アイソスタシー

問10　地殻の厚みは５～（　　　）km である。
　① 10　② 30　③ 60

解答

問1：③　問2：②　問3：①　問4：②　問5：②　問6：②　問7：①　問8：③
問9：③　問10：③

Jump｜レベルアップ問題

（　）問中（　）問正解

■ 次の問いを読み、問１～問８に答えよ。

問 1　マントルの状態として適切なものを、次の①～③のうちから一つ選べ。
　① 気体　② 液体　③ 固体

問 2　地震波がほとんど伝わらない、震源から角度で 103 度から 143 度の範囲の名称として適切なものを、次の①～③のうちから一つ選べ。
　① ブラックゾーン　② シャドーゾーン　③ ダークゾーン

問 3　地球の内部構造を明らかにする方法とは**異なる**手段を用いているものとして適切なものを、次の①～③のうちから一つ選べ。
　① X 線写真を撮って骨や歯の状態を調べる。
　② 体に超音波を当てがんの有無を調べる。
　③ スイカを叩いて熟し具合を調べる。

問 4　外核が液体であると考えられる理由として適切なものを、次の①～③のうちから一つ選べ。
　① 地震波の影を越えた地点に、P 波は伝わるが、S 波は伝わらないことから。
　② 地震波の影を越えた地点に、S 波は伝わるが、P 波は伝わらないことから。
　③ 地震波の影を越えた地点に伝わるが P 波の速さが速くなるから。

問 5　スカンジナビア半島が隆起した理由として適切なものを、次の①～③のうちから一つ選べ。
　① 厚く重い氷河がなくなったから。
　② 人がいなくなったから。
　③ 氷河は岩石よりも軽いから。

問６　地球は構成物質の違いなどから、層構造をしていると考えられている。図１は地球の層構造の模式図である。図中のＡ～Ｄの名称の組合せとして最も適当なものを、次の①～④のうちから一つ選べ。

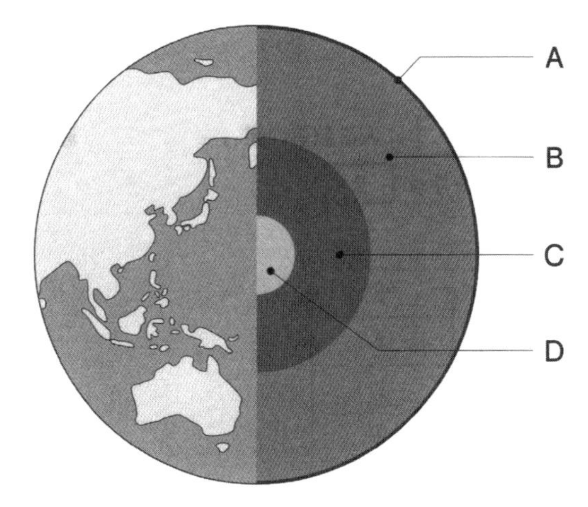

図１　地球の層構造

	A	B	C	D
①	マントル	地殻	外核	内核
②	内核	外核	マントル	地殻
③	地殻	マントル	内核	外核
④	地殻	マントル	外核	内核

問７　図１のＡ～Ｄで、主に鉄とニッケルでできているところはどこか。また、かんらん岩質岩石からできているところはどこか、これらの組合せとして最も適当なものを、次の①～④のうちから一つ選べ。

	鉄とニッケル	かんらん岩質岩石
①	Ｃ，Ｄ	Ａ
②	Ｃ，Ｄ	Ｂ
③	Ａ，Ｂ	Ｃ
④	Ａ，Ｂ	Ｄ

問８　地球内部の層構造について、原始地球で核とマントルは形成されたと考えられている。金属が中心にある理由として最も適当なものを、次の①～④のうちから一つ選べ。

①　周囲の物質より密度が大きいため。
②　磁力によってひきつけられたため。
③　静電気によって結びついたため。
④　核融合反応によって中心部でつくられたため。

解答・解説

問1：③

マントルは固体ですが、長期間にわたって力がかかり続けるとゆっくりと変形し流動します。したがって、正解は③となります。

問2：②

地震波は、媒質の性質が変わることで進行方向や速度が変わります。その結果、震源から角度で103度から143度の範囲にはほとんど到達しない範囲ができ、このことから地球の核の存在が明らかとなりました。したがって、正解は②となります。

問3：①

地球の内部構造は主に地震波を活用して調べられています。地震波は、その名の通り波の一種で、振動が地中を伝わるものです。②も③も振動の伝わり具合やはね返り具合を調べるという点で、地震波による地球の内部構造調査と原理は同じです。一方、X線は電磁波（放射線）で、その透け具合から様々なことを調べます。したがって、正解は①となります。

問4：①

地震波の影を越えた地点に、固体中しか伝わらないS波が伝わらないことと、伝わるP波の速さが遅くなることから外核は液体状であると考えられます。したがって、正解は①となります。

問5：①

人が降りるとボートが浮きあがるのと同じように、厚く重い氷河がなくなることによって、スカンジナビア半島は浮かび上がり（隆起）ました。したがって、正解は①となります。

問6：④

地球は中心部に鉄とニッケルからなる固体の内核、その外側に鉄とニッケルからなる液体の外核、その外側にかんらん岩質の岩石からなるマントル、最外層に花こう岩や玄武岩からなる地殻があります。したがって④が正解となります。

問７：②

地球は中心部に鉄とニッケルからなる固体の内核（D）、その外側に鉄とニッケルからなる液体の外核（C）、その外側にかんらん岩質の岩石からなるマントル（B）、したがって②が正解となります。

問８：①

地球は誕生直後、微惑星の衝突エネルギーによって内部までドロドロに融けていたと考えられています。この状態をマグマオーシャンといいますが、そのとき、密度の大きな鉄やニッケルなどの金属が中心部へと沈殿し核をつくり、密度の小さな岩石がマントルや地殻になったと考えられています。したがって、①が正解となります。

3. プレートの運動

地球上で起きている大規模な地質学的現象、例えば火山の噴火や地震、造山運動などは、プレートテクトニクスで説明することができます。プレートテクトニクスは1960年代の終わりという比較的最近に登場した考え方ですが、今では定説といえるでしょう。プレートの境界の種類と、そこで起こる様々な現象を、しっかりと押さえておきましょう。

Hop｜重要事項

プレートとプレートテクトニクス

地球の表面が何枚かのプレートに覆われていて、そのプレートの移動によって地球上で起こる様々な地質学的現象を説明しようとする考え方を**プレートテクトニクス**といいます。プレートとは地球の表面にあたる板状の硬い岩石の層で、地殻とマントルの最上部を合わせた部分です。マントルは組成などから上部と下部に分けられますが、その上部マントルのうち硬い部分と地殻を合わせた層がプレートで、**リソスフェア**とも呼ばれます。その下のやわらかく流動性を持つ部分は**アセノスフェア**と呼ばれます。

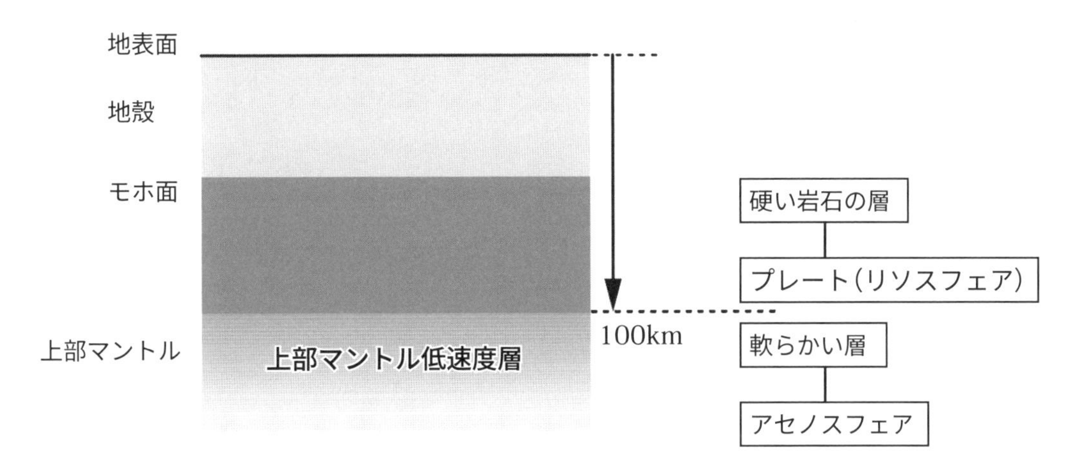

プレートの境界とその特徴

地球は十数枚のプレートで全体が覆われています。プレートは静止しているわけではなく、絶えず新しくつくられ移動しています。そのため、プレートの境界には次の3種類があるのです。

《 プレートの境界 》

①互いに離れていく境界　②互いにすれ違う境界　③互いに近づいてくる境界

① 互いに離れていく境界

互いに離れていく境界は、プレートが拡大していく境界、すなわちプレートが新しくつくられるところです。そこを海嶺（かいれい）といいます。海嶺は読んで字の如く海底の山脈で、地下からマグマが湧き出して海水に接することで冷やされて硬いプレートとなります。そのため盛り上がって山脈をつくるのです。メキシコからチリ沖、そして南極大陸付近まで伸びる東太平洋海嶺や、南北アメリカ大陸とヨーロッパやアフリカの間を走る大西洋中央海嶺がよく知られています。

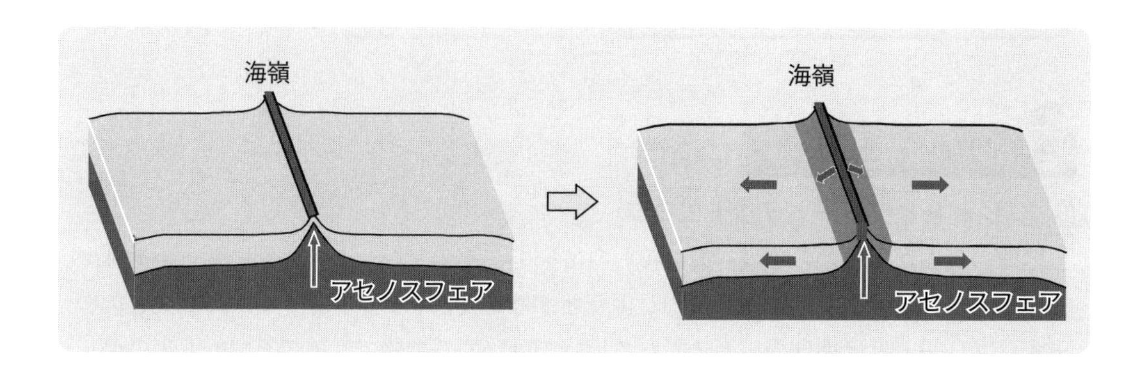

② 互いにすれ違う境界

互いにすれ違うところは、多くの場合トランスフォーム断層と呼ばれる断層を生じています。アメリカの太平洋沿岸に伸びるサンアンドレアス断層は、地上に姿を現わしたトランスフォーム断層として特に有名です。

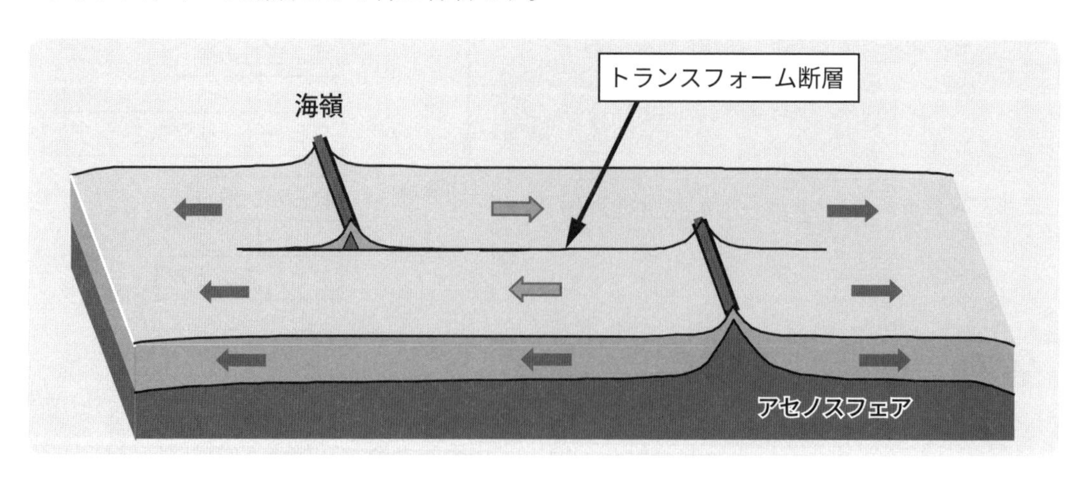

③ 互いに近づいてくる境界

プレート同士が互いに近づく境界、すなわち収束する境界は、プレートの種類によって様相が変わります。大陸プレートと海洋プレートが近づく場合、両者が衝突し、密度が大きい海洋プレートが大陸プレートの下に沈み込みます。そのようなプレート境界を沈み込み帯といい、海溝がつくられます。そのため古い海洋プレートは地球上には残っていません。最も大きな海洋プレートである太平洋プレートでも約２億年以前につくられたものは失われてしまっています。日本付近は世界有数の沈み込み帯で、日本海溝や伊豆・小笠原海溝などが日本の東に南北に走っています。

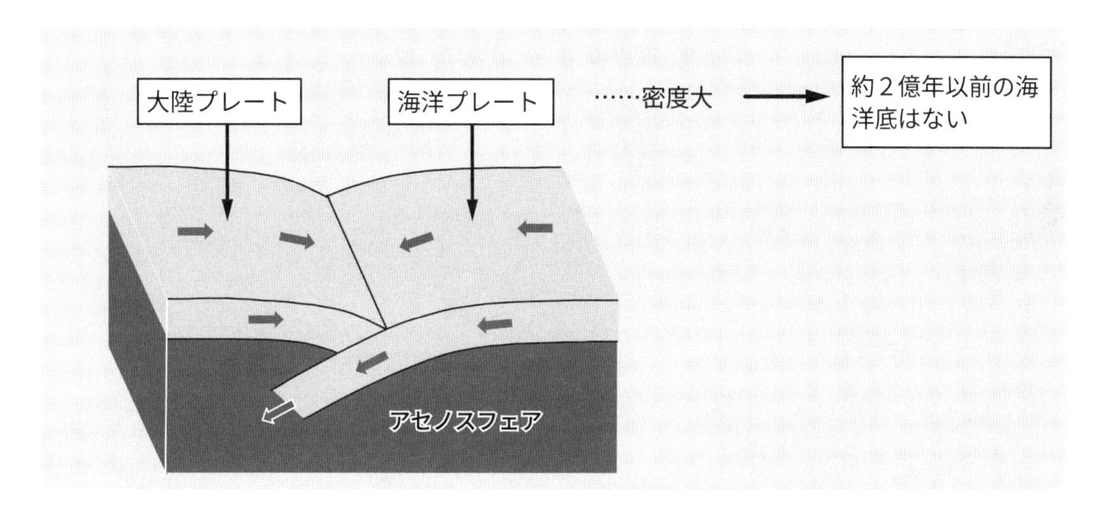

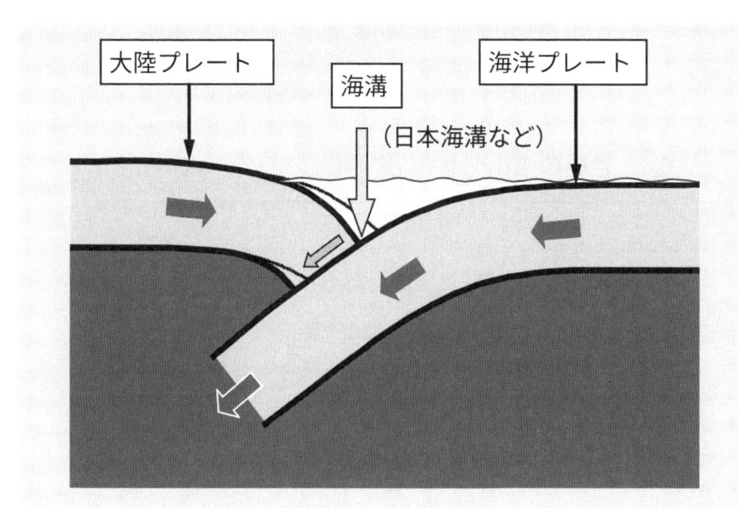

一方、大陸プレート同士が近づく場合、両者が激突し、どちらも沈み込めないために隆起し、大山脈をつくります。このような山脈をつくる地表の運動を造山運動、造山運動が起きているところを造山帯といいます。例えば、地球の最高峰であるチョモランマ（エベレスト）を擁するヒマラヤ山脈は、ユーラシアプレートとインド・オーストラリアプレートの衝突によってつくられた山脈です。

プレートの境界では地震や火山噴火など様々な現象が発生します。特に火山噴火はプレートの沈む込み帯に顕著です。プレートが沈み込むことで摩擦によって発生する熱でプレートの一部が融け、マグマを生じるためです。

《世界のプレート分布》

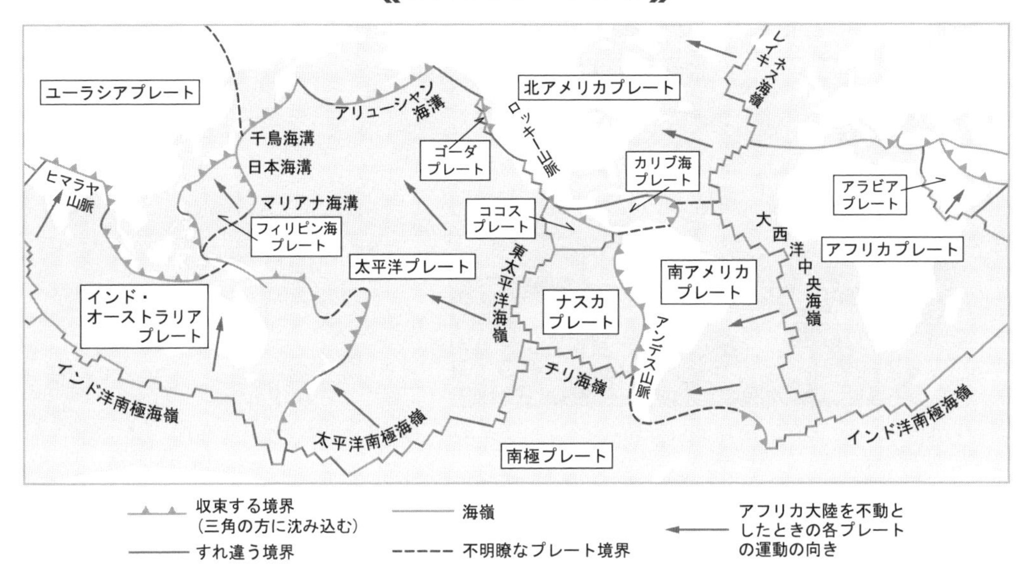

《　世界の火山分布　》

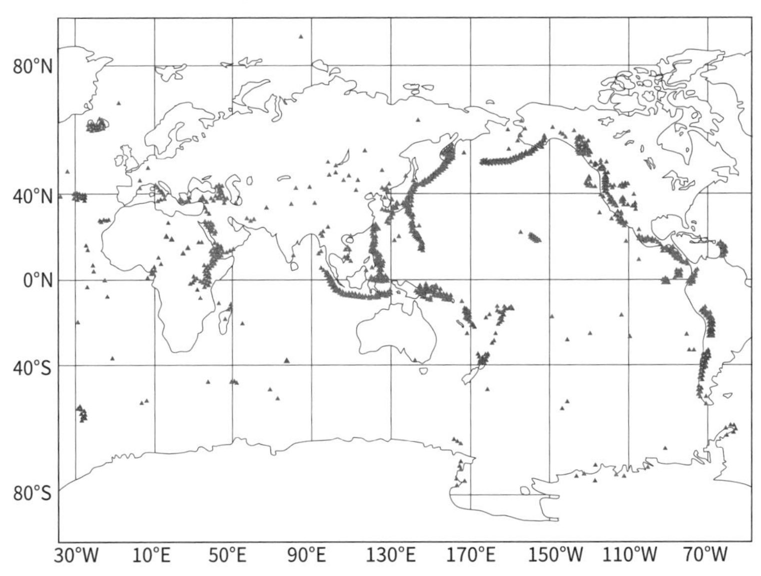

プレートテクトニクスではプレートが移動することでその上の大陸もまた動くわけですが、プレートテクトニクスが登場する以前にも大陸が分裂し移動する可能性を考えた科学者がいます。ドイツのウェゲナーです。彼が考えた大陸移動説の根拠は次の通りです。

➡ 根拠

- アフリカ大陸と南アメリカ大陸の海岸線の形が似ている。
- 海洋を隔てた大陸の２つの地点に同じ地層や化石が分布している。
- 海洋を隔てた大陸に古生代後期の氷河の痕跡が分布している。

Step │基礎問題

（　）問中（　）問正解

■ 各問の空欄に当てはまる語句をそれぞれ①～③のうちから一つずつ選びなさい。

問１　地表を覆っている何枚かのプレートの運動によって様々な現象を説明しようとする考え方を（　　　）という。
　① プレートテクトニクス　② アイソスタシー　③ 地向斜

問２　プレートは（　　　）からできている。
　① 地殻　② 地殻と上部マントル　③ 地殻とリソスフェア

問３　プレートのすぐ下にあるやわらかく流動性を持つ部分を（　　　）という。
　① リソスフェア　② アセノスフェア　③ 核

問４　プレートの境界のなかで､「拡大する境界」とも言われるのは(　　　)である。
　① 新しいプレートがつくられているところ。
　② プレートが割れて分裂しているところ。
　③ 新しいプレートの下に古いプレートが沈み込んでいるところ。

問５　「互いに離れていくようなプレート境界」は（　　　）である。
　① 海嶺　② 海溝　③ 造山帯

問６　「互いに近づいてくるプレート境界」は（　　　）である。
　① 海嶺　② 海溝　③ トランスフォーム断層

問７　大陸プレートと海洋プレートが衝突すると（　　　）。
　① 海洋プレートの下に大陸プレートが沈み込む。
　② 大陸プレートの下に海洋プレートが沈み込む。
　③ 両者が衝突して大山脈をつくる。

問1：①　問2：②　問3：②　問4：①　問5：①　問6：②　問7：②

問 8　ヒマラヤ山脈は（　　　　）がぶつかりあってできたものである。

① 大陸プレートと海洋プレート
② 大陸プレートどうし
③ 海洋プレートどうし

問 9　ヒマラヤ山脈のような大山脈をつくる地殻変動が起きているところを（　　　　）という。

① 断層帯　② 造山帯　③ 火山帯

問 10　火山帯は（　　　　）に位置している。

① プレートの中央
② プレートが衝突するところ
③ 境界の不明瞭なプレート

答

問8：②　問9：②　問10：②

Jump｜レベルアップ問題

（　）問中（　）問正解

■ 次の問いを読み、問１～問７に答えよ。

問１　プレートのおおよその厚みとして適切なものを、次の①～③のうちから一つ選べ。
① 50 km　② 100 km　③ 200 km

問２　日本付近に集まるプレートの境界の枚数として適切なものを、次の①～③のうちから一つ選べ。
① ２枚　② ３枚　③ ４枚

問３　最も古い海洋底の年代として適切なものを、次の①～③のうちから一つ選べ。
① 5000万年前　② ２億年前　③ 10億年前

問４　ヒマラヤ山脈はユーラシアプレートとどのプレートの境界にあるか。適切なものを、次の①～③のうちから一つ選べ。
① フィリピン海プレート
② 太平洋プレート
③ インド・オーストラリアプレート

問５　1900年代初めに大陸移動説を唱えた人物として適切なものを、次の①～③のうちから一つ選べ。
① グーテンベルグ　② ダーウィン　③ ウェゲナー

問6　図1に示したプレートのア～エの名前の組合せとして最も適当なものを、次の①～④のうちから一つ選べ。

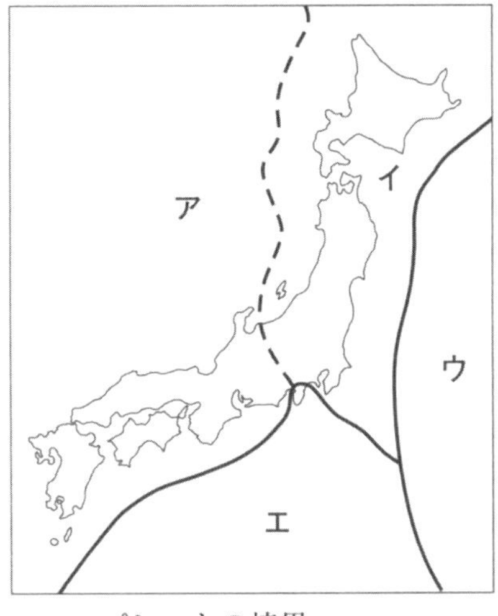

図1　日本付近のプレートの分布

	ア	イ	ウ	エ
①	ユーラシアプレート	北アメリカプレート	フィリピン海プレート	太平洋プレート
②	フィリピン海プレート	ユーラシアプレート	太平洋プレート	北アメリカプレート
③	フィリピン海プレート	ユーラシアプレート	北アメリカプレート	太平洋プレート
④	ユーラシアプレート	北アメリカプレート	太平洋プレート	フィリピン海プレート

問7　プレートが互いに近づく境界における地形や場所として最も適当なものを、次の①～④のうちから一つ選べ。

① 海溝
② ホットスポット
③ 三角州
④ ギャオ

解答・解説

問1：②

プレートの厚さは、薄い海洋部では70 km程度で厚い大陸部では150 kmになるところもありますが、だいたい100 kmぐらいということになります。したがって、正解は②となります。

問2：③

日本付近には北アメリカプレート、太平洋プレート、フィリピン海プレート、ユーラシアプレートの4枚のプレートの境界が集まっている、世界でも特異な場所です。そのため日本では地震が多発し火山も数多く分布しています。したがって、正解は③となります。

問3：②

海洋底は海洋プレートです。海洋プレートは大陸プレートの下に沈みこんでマントルの中に戻っていきますから、古い時代のものはなくて、最も古いものでも2億年前程度のものとなります。したがって、正解は②となります。

問4：③

ヒマラヤ山脈はユーラシアプレートとインド・オーストラリアプレートの境界にできた山脈です。したがって、正解は③となります。

問5：③

1912年、ドイツの科学者ウェゲナーは、もともと大陸は1つであり、それが分かれて現在のようになったという大陸移動説を発表しました。したがって、正解は③となります。

問6：④

図中のアとイは大陸プレートで、それぞれ含まれる大陸、すなわちアはユーラシア大陸、イは北アメリカ大陸の名が付けられています。ウとエは海洋プレートで、ウは太平洋の大部分を占めるためその名が付けられ、エは太平洋北西に位置していますが、フィリピン海を含む別プレートであるため、その名が付けられています。したがって正解は④となります。

問７：①

プレートには大陸プレートと海洋プレートがあり、大陸プレート同士が互いに近づく境界では褶曲山脈が、大陸プレートと海洋プレートが近づく境界では海洋プレートが大陸プレートの下に沈み込み海溝がそれぞれ作られます。したがって、①が正解となります。②のホットスポットは、プレート境界からは遠く離れた場所にあり、プリュームの上昇によって作られたものです。③の三角州は、河川によって運搬された土砂が河口で川の流速が低下したために堆積し作られたものです。④のギャオは、プレートが互いに遠ざかる境界である海嶺が海面上に姿を現したものです。

4. 火山活動

地球が生きていることを実感できる現象の一つが火山噴火でしょう。地震ほどではないにしても、地域によっては身近な地質現象です。一口に火山といっても、様々な形、噴火様式があり、それらはマグマの性質と密接な関わりがあります。またマグマが固まってできる火成岩は大地を構成する基本的な岩石の一つです。その性質はしっかり押さえておきましょう。

Hop ｜重要事項

火山

地下のマグマが地上に噴出することを噴火といい、それによってつくられる地形的な高まりが火山です。火山は地球上にまんべんなく存在するわけではなく、その分布には偏りがあります。火山が多い地域は以下の３通りがあります。

① 沈み込み帯

海洋プレートが大陸プレートの下に沈み込む場所では、プレートの沈み込みに伴って海水がマントルへと供給され、その結果マントルが融けやすくなり大陸プレートの地下でマグマが発生します。沈み込み帯に位置する日本では、プレートの境界にそってほぼ平行に火山が分布しています。

《 日本の火山の分布 》

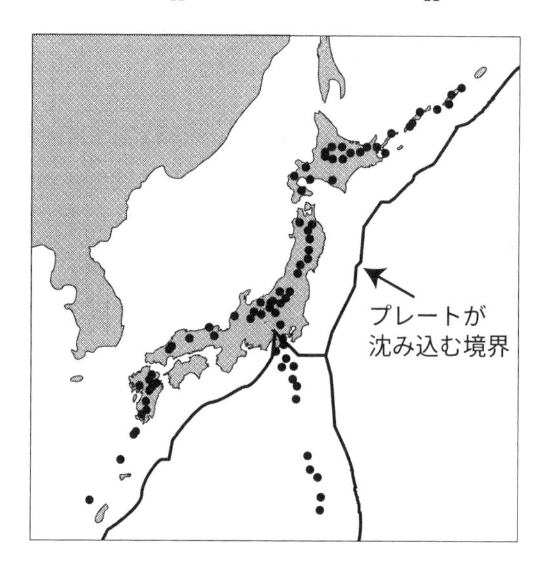

② 中央海嶺

新たな海洋プレートがつくられる場である海嶺では、マントルが上昇しているため、その一部が融けてマグマが生じます。

③ ホットスポット

プレート内部の孤立した場所で、アセノスフェアから絶えずマグマが地表へと供給される場所のことです。プレートが移動してもホットスポットの位置は変わらないため、プレートの運動に伴って火山の列がつくられます。

参考

ホットスポットとしてよく知られているのがハワイ諸島だ。ハワイの島々は火山島で、太平洋プレートの運動に伴い、次々と火山が噴火した結果、ハワイ諸島はつくられた。ハワイ諸島の北西にも火山の列が伸びており、それらは天皇海山列と呼ばれる。天皇海山列は途中で折れ曲がっており、そのことから過去にプレートの運動方向が変わったことがわかる。

火山活動と地表の変化

噴出するマグマの性質によって、噴火の仕方や火山の形が変わります。

マグマの種類は、含まれる**二酸化ケイ素**（SiO_2）の割合によって変化します。二酸化ケイ素の割合が小さいと粘度が低いサラッとしたマグマ（玄武岩質マグマ）となり、噴火によって流れ出た溶岩が流れやすく、裾野がゆったりと広がる**盾状火山**をつくります。噴火活動は穏やかです。二酸化ケイ素の割合が大きいと粘度が高い粘り気の強いマグマ（流紋岩質マグマ）となり、溶岩があまり流れず**溶岩円頂丘（溶岩ドーム）**をつくります。二酸化ケイ素の割合が玄武岩質マグマと流紋岩質マグマの中間的なマグマが安山岩質マグマです。安山岩質マグマや流紋岩質マグマを噴出する火山は、マグマに水分が多く含まれるため水蒸気爆発を起こしやすく、噴火活動は激しいです。また溶岩が流れ出ることはほとんどなく、火山灰や火山弾といった火山砕屑物（かざんさいせつぶつ）や火山ガス（主成分は水蒸気）を噴出させます。

《 マグマの噴出の仕方と火山の形状 》

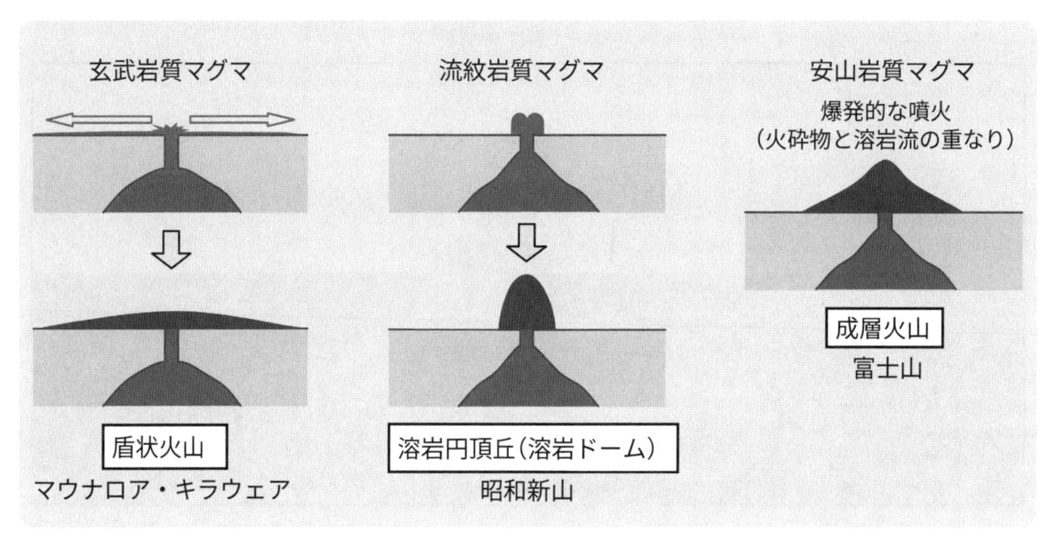

参考

地下で溶けた状態にある岩石をマグマといい、マグマが地表に出ると溶岩と呼ばれる。

火成岩

高温で溶けたマグマが冷えて固まった岩石を**火成岩**といいます。火成岩はその“冷え方”で２種類に大別できます。地下深部でゆっくりと冷えて固まると鉱物の結晶が大きく成長でき、大きな結晶の集まりである**等粒状組織**をつくります。等粒状組織を持つ岩石を**深成岩**といいます。一方、噴火によって地上に噴出するなどして急激に冷やされて固まると、少しの大きな結晶（**斑晶**）とその間を埋めるガラス質（**石基**）からなる岩石となります。これを**火山岩**といいます。

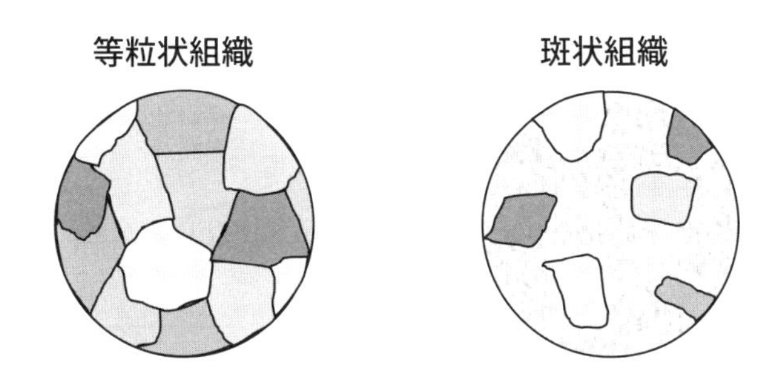

また、含まれる二酸化ケイ素の割合や鉱物の種類によっても岩石は分類できます。二酸化ケイ素を多く含む順に酸性岩、中性岩、塩基性岩と分けられ、酸性岩は無色鉱物が多く白っぽい岩石、塩基性岩は有色鉱物が多く黒っぽい岩石です。なお、酸性や塩基性は化学でいう酸性・塩基性（アルカリ性）とは関係ありません。次の図や表を見て、火成岩の分類や含まれる鉱物をしっかりと頭に入れておきましょう。

《 鉱物−二酸化ケイ素（ SiO_2 ）の割合による分類 》

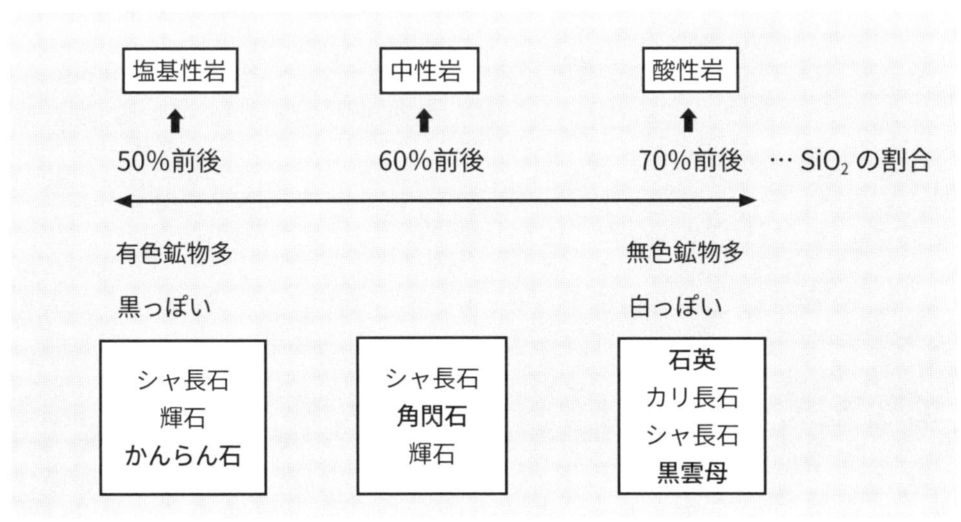

	塩基性岩	中性岩	酸性岩
火山岩	玄武岩	安山岩	流紋岩
深成岩	斑れい岩	閃緑岩	花こう岩

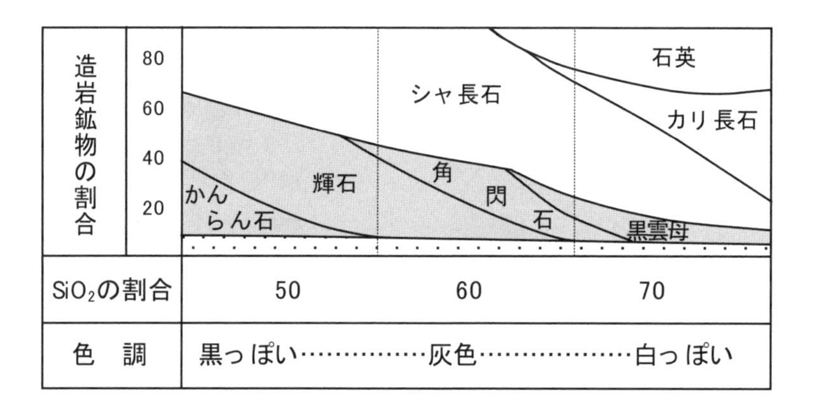

なお、かんらん石がはんれい岩より多く含まれ、有色鉱物の割合が高い＝二酸化ケイ素の割合が小さい岩石をかんらん岩といい、超塩基性岩に分類されます。

Step｜基礎問題

(　　)問中(　　)問正解

■ 各問の空欄に当てはまる語句をそれぞれ①～③のうちから一つずつ選びなさい。

問 1　次のうち、火山があまり分布しないのは（　　　　）である。
① 大陸プレートの下に海洋プレートが沈み込んでいるところ
② プレートが拡大していく境界
③ 大陸プレート同士が衝突しているところ

問 2　サラッとしたマグマが流れ出る噴火をするのは（　　　　）である。
① 玄武岩質マグマ　② 安山岩質マグマ　③ 流紋岩質マグマ

問 3　玄武岩質マグマによってできる火山の形は（　　　　）である。
① 盾状火山　② 鐘状火山　③ 成層火山

問 4　安山岩質マグマによってできる火山の形は（　　　　）である。
① 盾状火山　② 鐘状火山　③ 成層火山

問 5　溶岩円頂丘（溶岩ドーム）の例として正しいものは（　　　　）である。
① 富士山　② 昭和新山　③ マウナロア火山

問 6　等粒状組織をもつ火成岩を（　　　　）という。
① 変成岩　② 火山岩　③ 深成岩

問 7　無色鉱物の含まれる割合の高い岩石を（　　　　）という。
① 酸性岩　② 中性岩　③ 塩基性岩

問 8　火山岩で中性岩は（　　　　）である。
① 玄武岩　② 閃緑岩　③ 安山岩

問 9　石英と黒雲母を含む火山岩は（　　　　）である。
① 流紋岩　② 斑れい岩　③ 花こう岩

問 10　斑晶と石基を持つ岩石を（　　　　）という。
① 火山岩　② 酸性岩　③ 斑れい岩

解答

問1：③　問2：①　問3：①　問4：③　問5：②　問6：③　問7：①　問8：③
問9：①　問10：③

（　）問中（　）問正解

■ 次の問いを読み、問１〜問７に答えよ。

問１　プレート内部の孤立した場所にある、絶えずマグマが地表へと供給される場所の名称として適切なものを、次の①〜③のうちから一つ選べ。

① ホットチムニー　② ホットスポット　③ マグマスポット

問２　安山岩質マグマや流紋岩質マグマを噴出する火山の特徴として**不適切なもの**を、次の①〜③のうちから一つ選べ。

① 溶岩がほとんど流れ出ない
② 水蒸気爆発を起こしやすい
③ 噴火活動は穏やかである

問３　富士山の火山の形状として適切なものを、次の①〜③のうちから一つ選べ。

① 盾状火山　② 成層火山　③ 溶岩円頂丘

問４　斑れい岩よりかんらん石を多く含む岩石として適切なものを、次の①〜③のうちから一つ選べ。

① 超塩基性岩　② 超酸性岩　③ 超中性岩

問５　SiO_2 を 50% 前後含み、また輝石やかんらん石を含む、斑状組織を持つ岩石として適切なものを、次の①〜③のうちから一つ選べ。

① 斑れい岩　② 玄武岩　③ 安山岩

問6　ハワイ島は現在も活動を続けている火山島である。
ハワイ島の火山は、粘性の低い [ア] を繰り返し噴出するため、山腹の傾斜のゆるやかな [イ] となっている。[ア] と [イ] に入る語句の組合せとして最も適当なものを、次の①～④のうちから一つ選べ。

	ア	イ
①	玄武岩質マグマ	楯状火山
②	玄武岩質マグマ	成層火山
③	流紋岩質マグマ	楯状火山
④	流紋岩質マグマ	成層火山

問7　火山ガスに含まれる成分として最も多いものを、次の①～④のうちから一つ選べ。

① 酸素
② 水蒸気
③ 硫化水素
④ アンモニア

解答・解説

問１：②

プレート内部の孤立した場所にあり、プレートの下（アセノスフェア）から絶えずマグマが地表へと供給される場所をホットスポットといいます。その結果、海底火山がつくられますが、プレートが移動してもホットスポットの位置は変わらないため、プレートの運動に伴って火山の列がつくられます。したがって、正解は②となります。

問２：③

安山岩質マグマや流紋岩質マグマは水分を多く含んでいるため水蒸気爆発を起こしやすく、噴火活動は激しいです。また溶岩が流れ出ることはほとんどありません。火山灰や火山弾といった火山砕屑物や火山ガス（主成分は水蒸気）を噴出させます。したがって、正解は③となります。

問３：②

富士山は安山岩質マグマを噴出する火山で、火砕物と溶岩流が重なり合った成層火山です。円錐状に裾野が広がる美しい姿をしているのが特徴です。したがって、正解は②となります。

問４：①

かんらん石がはんれい岩より多く含まれ、有色鉱物の割合が高い＝二酸化ケイ素の割合が小さい深成岩をかんらん岩といい、超塩基性岩に分類されます。したがって、正解は①となります。

問５：②

斑状組織を持つ岩石であることから火山岩であることがわかります。ここで選択肢①が外れます。そして SiO_2 の割合が 50％前後であり、かんらん石などを含むことから塩基性岩であることがわかります。火山岩で、かつ塩基性岩であるのは玄武岩です。したがって、正解は②となります。

問6：①

マグマは SiO_2 の含有量によって粘性が変わり、玄武岩質マグマ、安山岩質マグマ、流紋岩質マグマの順に粘性が高くなっていきます。どのようなマグマを噴出するかで火山の形状も異なり、粘性が低い玄武岩質マグマは盾状火山を、粘性が高い流紋岩質マグマは溶岩円頂丘（溶岩ドーム）を形成します。したがって①が正解となります。

問7：②

火山ガスの主成分は水蒸気と二酸化炭素です。ほかに二酸化硫黄も含まれ、さらに少量の水素、一酸化炭素、硫化水素、塩化水素なども含まれます。したがって②が正解となります。①の酸素は水蒸気や二酸化炭素などの化合物の一部として以外にはほとんど含まれていません。④のアンモニアは火山によっては含まれていますが、その量はわずかです。

5. 地震

日本は地震大国です。皆さんも、これまでの人生で身体に感じる規模の地震を経験したことが一度や二度ではないでしょう。震度やマグニチュードといった言葉は、良くも悪くも私たちにとって身近な存在です。地震のメカニズムや性質を知ることは防災にも繋がる重要事項です。しっかりと押さえておきましょう。

Hop｜重要事項

地震

地震とは、プレートの動きや火山噴火など何らかの力が地下の岩石に加わることで岩石が破壊され、その衝撃が波となって周囲に伝わる現象です。岩石の破壊は、岩盤にずれを生じさせます。そのずれを断層といいます。

地下の地震の発生した場所を震源、震源の真上にあたる地表での位置を震央といいます。一般的に震源から離れるほど揺れ始めるまでに時間がかかり、また揺れの規模も小さくなります。しかし、例外もあり、震源から遠く離れた地域の方が大きく揺れる異常震域が生じることもしばしばです。

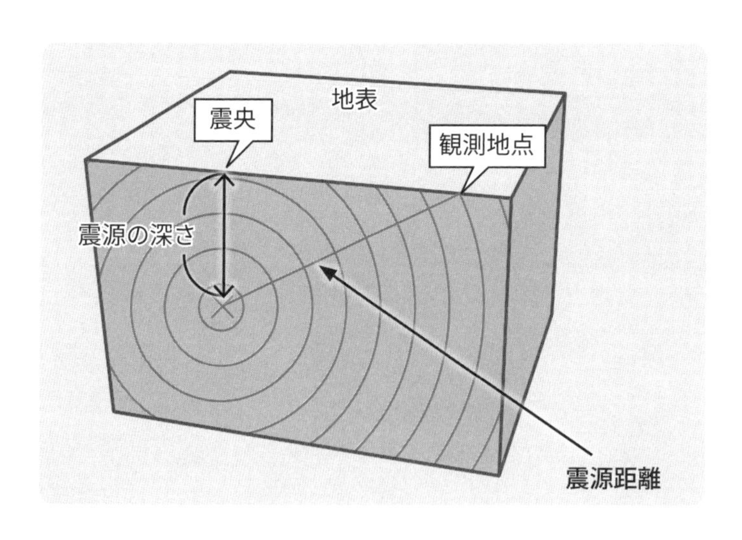

地震波とその性質

地震波にはいくつか種類がありますが、ここでは主要な2つの波、P波とS波を取り上げます。

P波ははじめに震源から届く地震波で、P波によって引き起こされる揺れが初期微動です。その後やってくる大きな揺れ（主要動）を引き起こすのがS波で、P波が伝わってからS波が伝わるまでの時間を初期微動継続時間といいます。震源から離れれば離れるほど初期微動継続時間は長くなります。

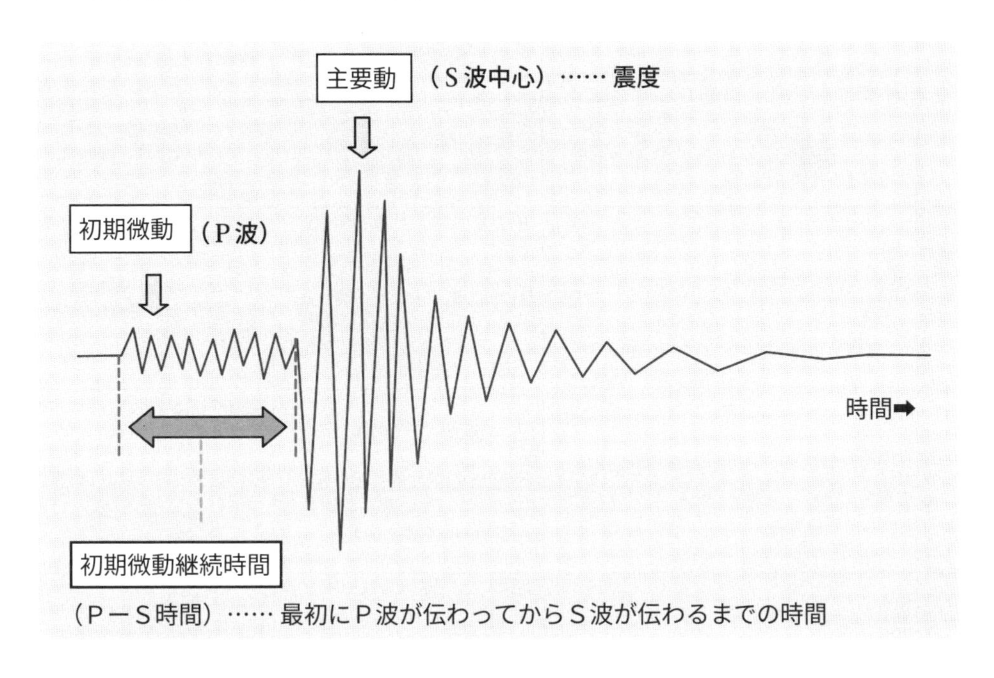

参考
P波のPはPrimary、S波のSはSecondaryの頭文字。

地震の揺れの大きさと規模

地震動（揺れの大きさ）を表す指標に震度があります。日本では気象庁が定めた10段階の気象庁震度階級が使われています。震度0から震度7までの10段階で（震度5と震度6にはそれぞれ強と弱がある）、かつては体感や被害状況などから判定されていましたが、現在は全国に配置された計測震度計で自動測定しています。皆さんも普段の地震速報などを目にして知っていると思いますが、震度は地震動そのものの大きさを表しているわけではありませんから、同じ地震でも場所によって震度の値は変わります。一般的に震源から離れれば離れるほど、震度は小さくなります（が、例外もあり、前述した異常震域が発生することもめずらしくありません）。例えるなら、同じワット数の電球でも、電球に近ければ明るく、電球から遠ざかれば暗く感じるのと同じです。

《 人の体感・行動、屋内の状況、屋外の状況 》

震度階級	人の体感・行動	屋内の状況	屋内の状況
0	人は揺れを感じないが、地震計には記録される。	―	―
1	屋内で静かにしている人の中には、揺れをわずかに感じる人がいる。	―	
2	屋内で静かにしている人の大半が、揺れを感じる。眠っている人の中には、目を覚ます人もいる。	電灯などのつり下げ物が、わずかに揺れる。	―
3	屋内にいる人のほとんどが、揺れを感じる。歩いている人の中には、揺れを感じる人もいる。眠っている人の大半が、目を覚ます。	棚にある食器類が音を立てることがある。	電線が少し揺れる。
4	ほとんどの人が驚く。歩いている人のほとんどが、揺れを感じる。眠っている人のほとんどが、目を覚ます。	電灯などのつり下げ物は大きく揺れ、棚にある食器類は音を立てる。座りの悪い置物が、倒れることがある。	電線が大きく揺れる。自動車を運転していて、揺れに気付く人がいる。
5弱	大半の人が、恐怖を覚え、物につかまりたいと感じる。	電灯などのつり下げ物は激しく揺れ、棚にある食器類、書棚の本が落ちることがある。座りの悪い置物の大半が倒れる。固定していない家具が移動することがあり、不安定なものは倒れることがある。	まれに窓ガラスが割れて落ちることがある。電柱が揺れるのがわかる。道路に被害が生じることがある。
5強	大半の人が、物につかまらないと歩くことが難しいなど、行動に支障を感じる。	棚にある食器類や書棚の本で、落ちるものが多くなる。テレビが台から落ちることがある。固定していない家具が倒れることがある。	窓ガラスが割れて落ちることがある。補強されていないブロック塀が崩れることがある。据付けが不十分な自動販売機が倒れることがある。自動車の運転が困難となり、停止する車もある。
6弱	立っていることが困難になる。	固定していない家具の大半が移動し、倒れるものもある。ドアが開かなくなることがある。	壁のタイルや窓ガラスが破損、落下することがある。
6強	立っていることができず、はわないと動くことができない。揺れにほんろうされ、動くこともできず、飛ばされることもある。	固定していない家具のほとんどが移動し、倒れるものが多くなる。	壁のタイルや窓ガラスが破損、落下する建物が多くなる。補強されていないブロック塀のほとんどが崩れる。
7		固定していない家具のほとんどが移動したり倒れたりし、飛ぶこともある。	壁のタイルや窓ガラスが破損、落下する建物がさらに多くなる。補強されているブロック塀も破損するものがある。

気象庁資料

そして、地震そのものの大きさ＝地震の規模を表すのが**マグニチュード**（M）です。先の例で言えば電球のワット数にあたります。地震が発するエネルギーの大きさを対数で表した指標なので、マグニチュードが 1 増加すると地震のエネルギーは約 32 倍に、マグニチュードが 2 増加すると地震のエネルギーは 322 で約 1000 倍となります。

地震が起こる場所

地震は地球上でまんべんなく発生しているわけではありません。地震の発生場所が帯状に長くつながった地域を地震帯といい、その多くはプレート境界に位置しています。代表的な地震帯を以下に示します。

① 中央海嶺

・地下の浅いところで発生する地震（浅発地震）がほとんど。
・地震の規模は小さい。

② アルプス・ヒマラヤ地震帯

・地下のやや深いところと浅いところで地震が発生する。
・巨大地震は少ない。

③ 環太平洋地震帯

・日本も含まれる。
・海溝を中心とした地震帯で地下の浅いところから深いところまでまんべんなく地震が発生する。
・世界の地震の 4 分の 3 が発生している。
・巨大地震が多い。

巨大地震は、大陸プレートの下に海洋プレートが沈み込む際、境界面に沿って大きな力が加わって大陸プレートがひずみ、それが元に戻ろうとするときに岩石が破壊され発生します。また沈み込み帯では大陸プレートのいろいろなところに力が加わって岩石の破壊が生じるため、浅発地震も頻発します。

《巨大地震が起こるしくみ》

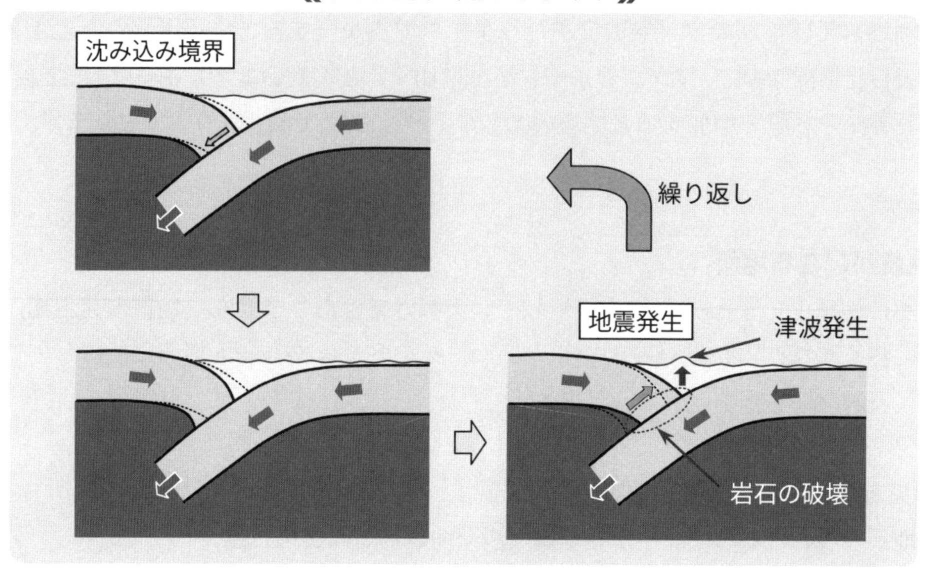

《その他の地震》

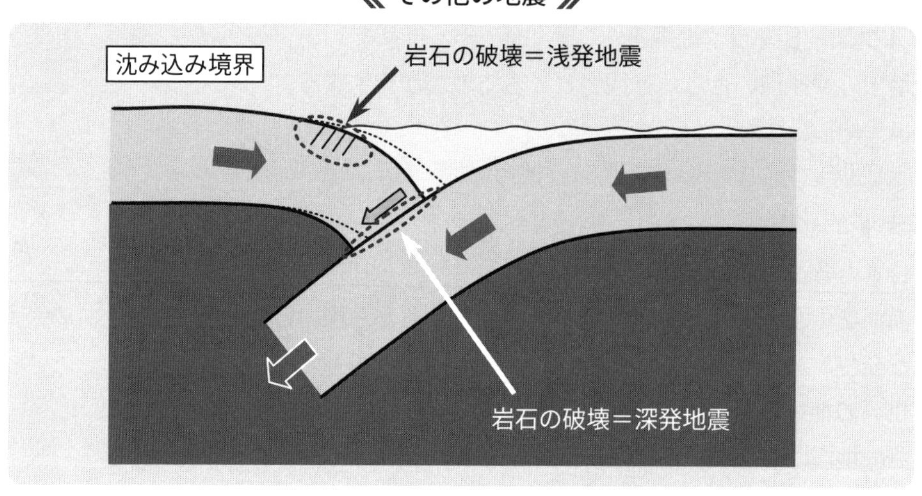

《震源の分布》

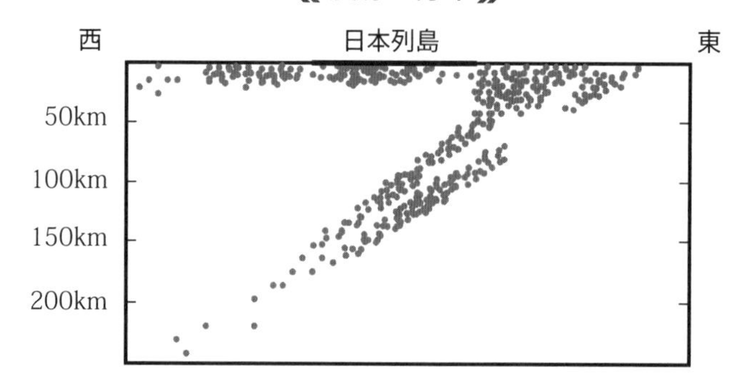

➡プレートの境界面にそって大きい地震が起こる。

Step｜基礎問題

（　）問中（　）問正解

■ 各問の空欄に当てはまる語句をそれぞれ①～③のうちから一つずつ選びなさい。

問 1　地震が発生した場所の真上にあたる地表での位置を（　　　　）という。
① 震源　② 震央　③ 震点

問 2　地震のときの地面の揺れの激しさを表すものは（　　　　）である。
① 震度　② マグニチュード　③ 震源

問 3　震度は（　　　　）に分かれている。
① 7 段階（階級）　② 8 段階（階級）　③ 10 段階（階級）

問 4　地震動で初期微動の後にくる大きな揺れを（　　　　）という。
① 深発地震　② 初期微動　③ 主要動

問 5　初期微動を引き起こす地震波は（　　　　）である。
① P波　② S波　③ L波

問 6　P波が届いてからS波が届くまでの時間を（　　　　）という。
① 地震動継続時間　② 初期微動継続時間　③ 主要動継続時間

問 7　震源で発生した地震そのものの大きさを表すものは（　　　　）である。
① 震度　② マグニチュード　③ アイソスタシー

問 8　M5 の地震の、1000 倍の大きさの地震は（　　　　）である。
① M6　② M7　③ M5000

問 9　巨大地震が多く起こる地震帯は（　　　　）である。
① 中央海嶺　② アルプス・ヒマラヤ地震帯　③ 環太平洋地震帯

問 10　中央海嶺で発生する地震のほとんどが（　　　　）である。
① 浅発地震　② 深発地震　③ 巨大地震

解答

問1：②　問2：①　問3：③　問4：③　問5：①　問6：②　問7：②　問8：②
問9：③　問10：①

Jump｜レベルアップ問題

（　　）問中（　　）問正解

■ 次の問いを読み、問１～問８に答えよ。

問１　地震のときの震度を決めている機関として適切なものを、次の①～③のうちから一つ選べ。

①　環境省　　②　気象庁　　③　警察庁

問２　日本において最も大きな地震を表す震度として適切なものを、次の①～③のうちから一つ選べ。

①　7　　②　9　　③　10

問３　マグニチュード５の地震の規模はマグニチュード２の地震のおよそ何倍か。適切なものを、次の①～③のうちから一つ選べ。

①　2.5 倍　　②　96 倍　　③　33000 倍

問４　震源からの距離が遠いところでは、初期微動継続時間はどうなるか。適切なものを、次の①～③のうちから一つ選べ。

①　長くなる　　②　短くなる　　③　変わらない

問５　世界の地震の４分の３が発生している場所として適切なものを、次の①～③のうちから一つ選べ。

①　中央海嶺　　②　アルプス・ヒマラヤ地震帯　　③　環太平洋地震帯

問6　日本付近で起こる地震の特徴として最も適当なものを、次の①～④のうちから一つ選べ。

① 海洋地域で起こる地震では、常に津波を伴う。
② 火山の近くでは、地震は発生しない。
③ 震源が 100km より深い地震は、海洋プレートの沈み込み面に沿って起こる。
④ 人間の活動が盛んな場所ほど、地震が起こりやすい。

問7　P 波について説明した文として最も適当なものを、次の①～④のうちから一つ選べ。

① 地震波の中で伝わる速さが速く、初期微動を引き起こす。
② 地震波の中で伝わる速さが遅く、主要動を引き起こす。
③ 地球の表面だけを伝わる地震波で、周期の長い揺れを引き起こす。
④ 地球の地下深くだけを伝わる地震波で、周期の短い揺れを引き起こす。

問8　1995 年 1 月 17 日 5 時 46 分、明石海峡の地下 16km を［A］とするマグニチュード 7.3 の兵庫県南部地震が発生した。神戸や芦屋、西宮などで最大震度 7 を記録し、広い範囲で地震による揺れが観測された。この地震の［B］は、淡路島から神戸にかけての領域に密集して発生しており、地震発生当初は多かったが、時間とともに減少していった。

空欄［A］と［B］に入る語句の組合せとして最も適当なものを、次の①～④のうちから一つ選べ。

	A	B
①	震源	本震
②	震源	余震
③	震央	本震
④	震央	余震

解答・解説

問１：②

地震のときの震度やマグニチュードなどを決めているのは気象庁です。したがって、正解は②となります。

問２：①

気象庁が定めた震度階級は10段階ですが、はじまりが震度０で、かつ震度５と６が弱と強に分かれるため、最も大きな震度は７となります。したがって、正解は①となります。

問３：③

マグニチュードは１増加するとその規模は約32倍となります。マグニチュード２からマグニチュード５へはマグニチュードが３増えています。したがって32×32×32＝32768≒33000倍となり、正解は③となります。

問４：①

震源からの距離が遠くなればなるほど、初期微動継続時間は長くなります。したがって、正解は①となります。

問５：③

環太平洋地震帯は海溝を中心とした地震帯で、大陸プレートの下に海洋プレートが沈み込むことで発生する地震が多く起きています。そのため巨大地震が多く、地下の深いところから浅いところまでまんべんなく地震が発生しています。したがって、正解は③となります。

問６：③

日本はプレートの沈み込み帯に位置しています。プレートは斜めに沈み込んでいるため、プレートの沈み込みの場である海溝から離れれば離れるほど震源が深い地震が発生します。直下型地震は震源が比較的浅く、日本全国のどこででも発生する可能性がありますが、深発地震はプレートの沈み込み面に沿って発生することになります。したがって、③が正解となります。海洋で発生する地震のすべてに津波が伴うわけではありませんし、人間の活動度合いと震源の位置に関係はありません。火山の近くでは、火山性微動と呼ばれる小さな地震が頻発することがあります。

問7：①

P波はPrimary waveの略で、最初に震央に到達する波で、初期微動を引き起こします。したがって、①が正解です。②の主要動を引き起こすのは、S波です。③の地球の表面だけ伝わる地震波は表面波といいます。④のような地震波は存在しません。

問8：②

地震が発生した（岩石の崩壊が始まった）地下の場所を震源といい、その真上に当たる地表の点を震央といいます。また、本震から時間を経た後に発生する一連の地震を余震といいます。本震は一回しか発生しませんが、余震は複数回発生し、時間経過とともに回数が減っていきます。したがって、②が正解となります。

6. 地層の形成と地質構造

表面に液体の水をたたえる地球は、地形や地質構造の成り立ちに水、特に流れる水の働きが非常に重要です。そして、水があることで「堆積」という作用もはたらき、地層がつくられます。地層は地球の歴史を知るうえで非常に重要な構造です。地層を読み解く鍵を、しっかりと押さえておきましょう。

Hop｜重要事項

河川のはたらき

地表の岩石は、気温の変化（高温になると岩石は膨張し低温になると収縮する）や雨水などのはたらきで細かく破砕(はさい)されていきます。これを風化といいます。岩石は風化することで細かな礫(れき)や砂となり、それらが流水（主に河川）によって運ばれ、堆積(たいせき)することで地層が形成されるのです。流水の作用には次の３つがあります。

① 侵食作用 …… 川底や川岸を削り取る。
② 運搬作用 …… 削り取った岩石のかけら（礫や砂など）を下流へ運ぶ。
③ 堆積作用 …… 運ばれたものをある場所にためておく。

この流水の三作用によって、特徴的な地形がつくられます。例えば、侵食作用によってＶ字谷が、運搬・堆積作用によって扇状地や三角州がつくられます。扇状地は川の流れが急激に遅くなる山間部から平野部への出口に、三角州は川が海に出る河口部にそれぞれ作られます。また、これらの作用に地震などによる土地の隆起が加わると、河岸段丘がつくられます。

浸食作用によってできる地形

◉Ｖ字谷 …… 山に降った雨水が低い場所に流れる過程で川底が削られていくことで形成される。川の上流部に形成される。

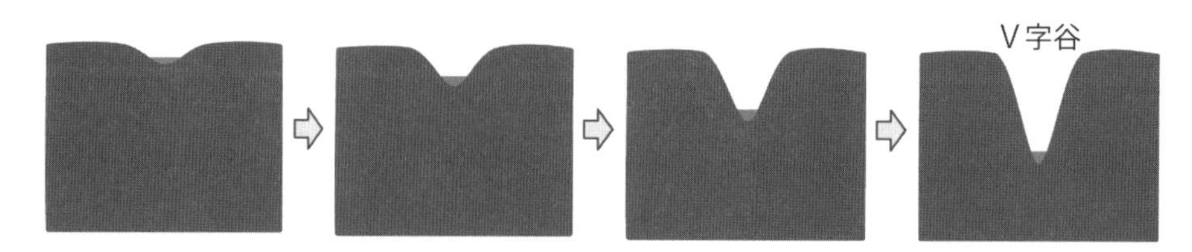

運搬作用・堆積作用によってできる地形

◉ 扇状地 …… 山間部から平野部の出口にできる。

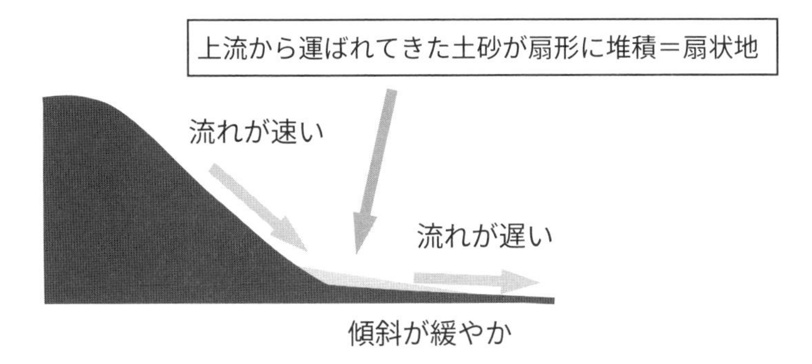

◉ 三角州 …… 川が海に出ていく河口部にできる。

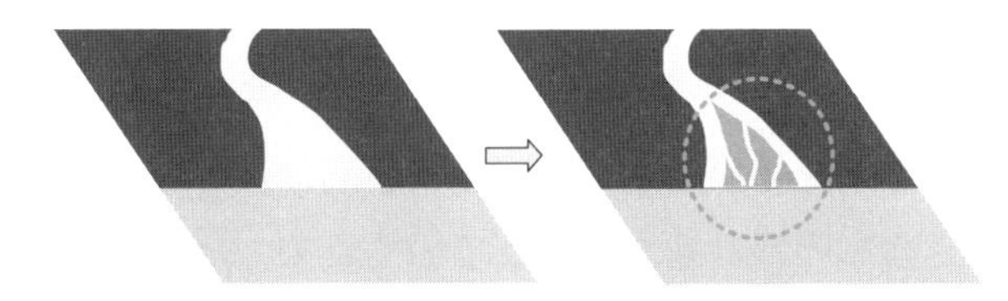

浸食作用・運搬作用・堆積作用 ＋ 土地の隆起

◉ 河岸段丘 …… 河川の浸食と土地の隆起が繰り返され、川底が段状に削られることで形成される。

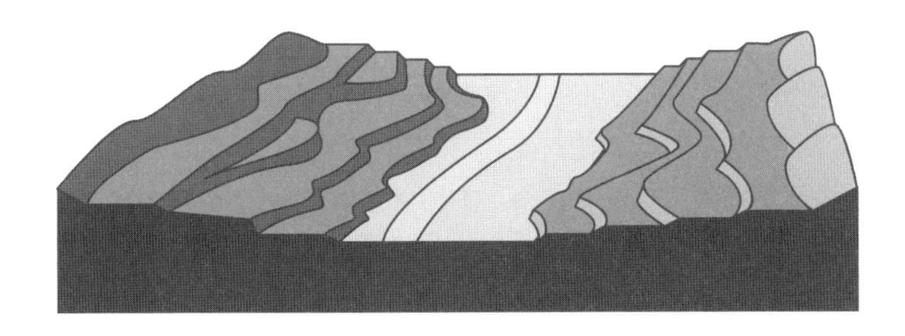

堆積岩と地層

堆積した礫や砂は、長い時間をかけて固まり、再び岩石となります。これを続成作用といい、こうしてできた岩石を**堆積岩**といいます。また、水中で生活する生物の遺骸や水中に含まれる化学物質が堆積し岩石をつくることもあります。

堆積岩は大きく、砕屑岩、火砕岩（火山砕屑岩）、生物岩、化学岩（化学堆積岩）に分けられます。**砕屑岩**は岩石のかけらが集まって固まった岩石で、泥が固まった**泥岩**、砂が固まった**砂岩**、礫が固まった**レキ（礫）岩**があります。泥、砂、礫の違いは、粒の大きさの違いです。**火砕岩**は火山から噴出した破砕物、たとえば火山灰などが固まった岩石で、**凝灰岩**があります。**生物岩**は水中生物の遺骸が堆積し固まった岩石で、貝やサンゴ、有孔虫など炭酸カルシウムでできた**石灰岩**と、放散虫の殻（二酸化ケイ素）でできた**チャート**に分けられます。**化学岩**は水中に溶け込んでいた化学物質が沈殿・堆積したもので、石灰岩やチャートも化学岩に分類されることがあるほか、塩化ナトリウム（食塩）が固結した**岩塩**などがあります。

参考

砕屑物のうち、粒径が２㎜より大きいものを礫、２㎜以下 1/16 ㎜より大きいものを砂、1/16㎜ 以下のものを泥と呼ぶ。

地質構造

堆積物が重なり合って層をなしているものを**地層**といいます。一般的に、砕屑物が水中で静かに堆積するときは、粒が大きなものほど速く沈殿していくため、地層の下部ほど粒子が荒く、上部ほど粒子が細かくなるという構造がしばしば見られます。これを**級化層理**や**級化構造**といいます。また、基本的に地層は下から上に順番に堆積していくため、下位ほど古く、上位ほど新しくなります。これを**地層累重の法則**といいます。地層は、概ねある層が堆積した後、連続して上の層が堆積します。これを**整合**といいます。一方、下の層が堆積した後、上の層が堆積するまでの間に時間差があり、その間に隆起し侵食を受けるなどすると地層の一部が欠落します。これを**不整合**といいます。不整合面のすぐ上には比較的大きなレキが堆積していることが多く、それらを基底レキ岩といいます。

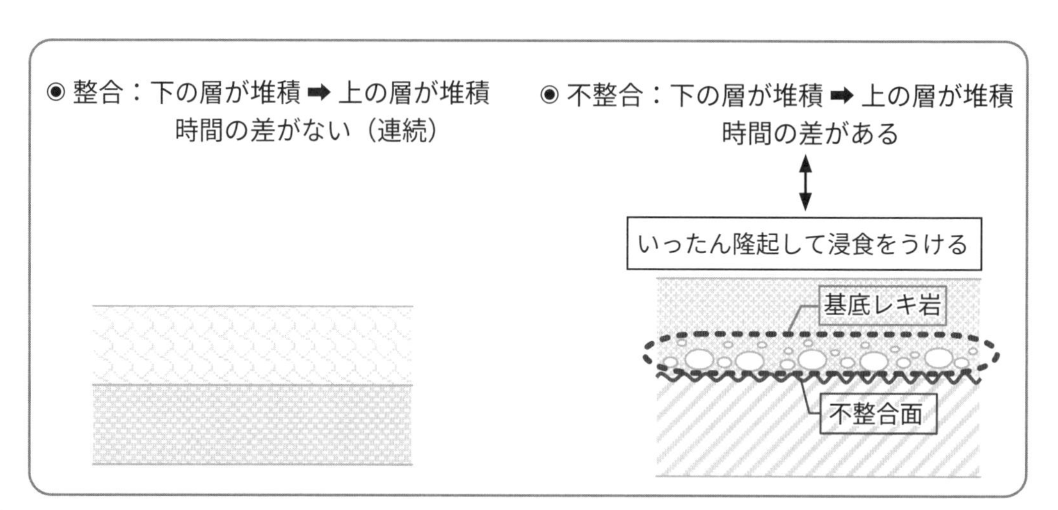

地殻変動の活発な地域では、ほかにも様々な構造が見られます。地層が横から圧縮するように力が加わると、激しく曲がることがあります。このような構造を褶曲（しゅうきょく）といい、上に凸となっている部分を背斜（はいしゃ）、下に凸となっている部分を向斜（こうしゃ）といいます。褶曲が激しいと、地層の上下と新旧が逆転することもあります。

また、力の加わり方によっては地層が破断しズレを生じることがあります。そのような構造を断層といい、地層に引っ張る力がはたらいてズレを生じたものを正断層、押す力がはたらいてズレを生じたものを逆断層、食い違うように力がはたらいてズレを生じたものを横ずれ断層といいます。

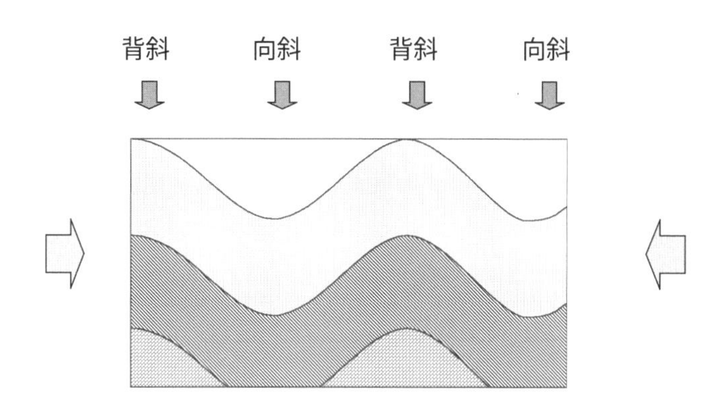

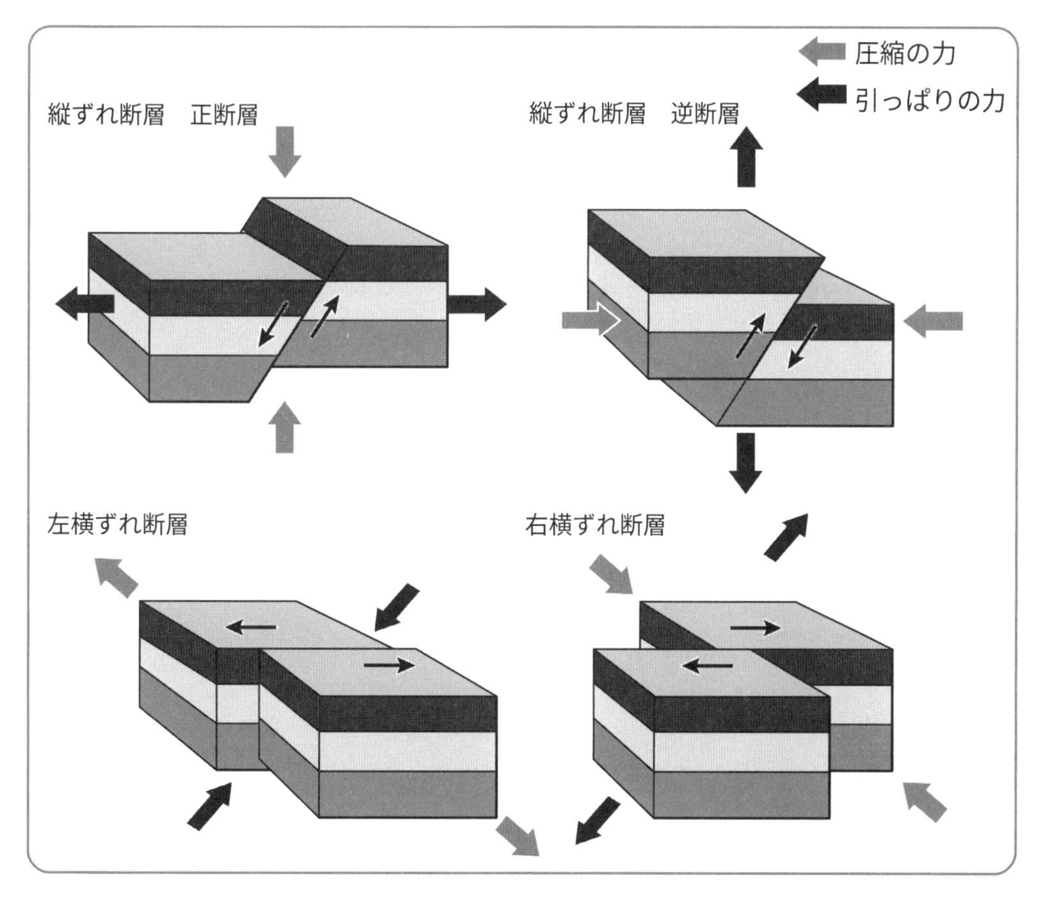

Step｜基礎問題

（　）問中（　）問正解

■ 各問の空欄に当てはまる語句をそれぞれ①～③のうちから一つずつ選びなさい。

問１　堆積物が長い年月の中で固まってできた岩石のことを（　　　　）という。
① 堆積岩　② 変成岩　③ 火成岩

問２　堆積岩をつくるはたらきを（　　　　）という。
① 風化作用　② 結晶分化作用　③ 続成作用

問３　堆積岩は、主に砕屑岩、火砕岩、生物岩、（　　　　）に分けられる。
① 元素岩　② 化学岩　③ 反応岩

問４　地層の下部ほど粒子が荒く、上部ほど粒子が細かくなるという構造を（　　　　）という。
① 級化層理　② 斜交層理　③ 段階層理

問５　火山灰が堆積してできた堆積岩を（　　　　）という。
① 灰岩　② 凝灰岩　③ 火山レキ岩

問６　放散虫の遺骸が海底に堆積してできた堆積岩を（　　　　）という。
① 石灰岩　② 凝灰岩　③ チャート

問７　おもに運搬・堆積作用により、山地から平地に出たところにできる地形は（　　　　）である。
① Ｖ字谷　② 扇状地　③ 三角州

問８　地層に対して横に引っ張る力がはたらいた断層は（　　　　）である。
① 逆断層　② 活断層　③ 正断層

解答

問1：①　問2：③　問3：②　問4：①　問5：②　問6：③　問7：②　問8：③

問 9　地層累重の法則とは（　　　　）である。

① 上にある地層ほど新しく下にあるほど古いということ
② 下にある地層ほど新しく上にあるほど古いということ
③ 下にある地層より上にある地層の方が重いということ

問 10　上下に重なり合う地層で、下の地層が堆積してから侵食を受けるなどの間をおいて上の地層が堆積しているときの地層の重なり方を（　　　　）という。

① 整合　② 不整合　③ 連重

問9：①　問10：②

Jump｜レベルアップ問題

（　）問中（　）問正解

■ 次の問いを読み、問１～問７に答えよ。

問１　堆積岩をつくるもととして**適切でないもの**を、次の①～③のうちから一つ選べ。
① 砂　② 生物の遺骸　③ マグマ

問２　砕屑物のうち、粒径が２㎜以下 1/16 ㎜より大きいものとして適切なものを、次の①～③のうちから一つ選べ。
① レキ（礫）　② 砂　③ 泥

問３　石灰岩の主成分として適切なものを、次の①～③のうちから一つ選べ。
① 炭酸カルシウム　② 二酸化ケイ素　③ 硫酸マグネシウム

問４　地層が強い力を受けて激しく曲げられた構造として適切なものを、次の①～③のうちから一つ選べ。
① 整合　② 褶曲　③ 逆断層

問５　不整合面の上の地層の下部に下の地層のレキ岩が含まれることがある。このようなレキ岩の名称として適切なものを、次の①～③のうちから一つ選べ。
① 不整レキ岩　② 下層レキ岩　③ 基底レキ岩

問6　地層はほぼ水平に堆積して形成されることが多い。しかし、堆積後に力を受けて変形することがある。力を受けて折り曲げられたものを褶曲とよび、破断されたものを断層と呼ぶ。図1の褶曲は水平方向の力が加わって形成された。このスケッチの部分の説明として最も適当なものを、次の①～④のうちから一つ選べ。

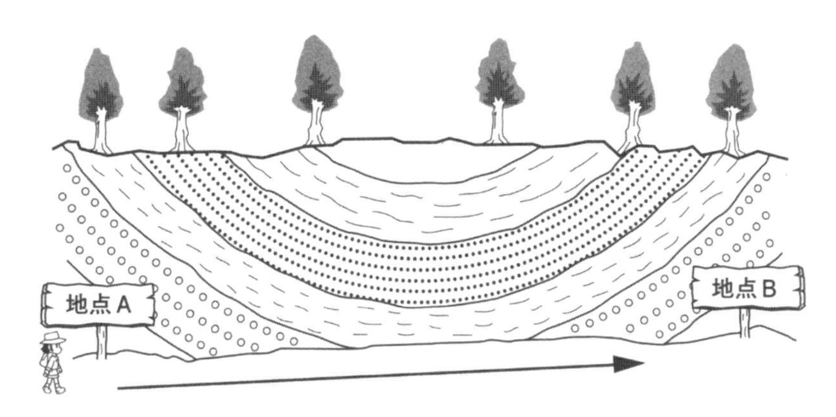

図1　褶曲の露頭のスケッチ

① 向斜（向斜構造）とよび、地層が圧縮されて形成された。
② 背斜（背斜構造）とよび、地層が圧縮されて形成された。
③ 向斜（向斜構造）とよび、地層が引き伸ばされて形成された。
④ 背斜（背斜構造）とよび、地層が引き伸ばされて形成された。

問7　地上記図1の地点Aから地点Bへ矢印の方向に歩いて地層の新旧を調べた。このときにわかることとして最も適当なものを、次の①～④のうちから一つ選べ。ただし、地層の逆転はないものとする。

① 古い地層、新しい地層、古い地層の順に地層が現れる。
② 新しい地層、古い地層、新しい地層の順に地層が現れる。
③ 古い地層から新しい地層が順に現れる。
④ 新しい地層から古い地層が順に現れる。

解答・解説

問１：③

堆積岩をつくるもとになるものは、岩石が風化や流水のはたらきで削り取られたレキや砂や泥などや、水中生活をする生物の遺骸、水中に含まれる化学物質などがあります。マグマは火成岩のもとになるものです。したがって、正解は③となります。

問２：②

堆積岩のうち砕屑岩をつくるレキ（礫）、砂、泥は、その粒の大きさによって定義されています。粒径が 2 mm より大きなものをレキ、2 mm 以下 1/16 mm より大きいものを砂、1/16 mm 以下のものを泥といいます。したがって、正解は②となります。

問３：①

石灰岩は貝やサンゴ、有孔虫などの生物の遺骸が堆積し固まった岩石で、その主成分は炭酸カルシウム（$CaCO_3$）です。したがって、正解は①となります。なお、二酸化ケイ素はチャートの主成分です。硫酸マグネシウムが主成分の岩石はありませんが、海水中には溶け込んでいて、にがりとして知られています。

問４：②

地層が強い力を受けて激しく曲げられた構造を褶曲といいます。したがって、正解は②となります。

問５：③

不整合面の上の地層の下部に含まれるレキ岩を基底レキ岩といいます。したがって、正解は③となります。

問６：①

褶曲のうち、地層の谷にあたる部分を向斜、山にあたる部分を背斜といい、いずれも地層を圧縮させる力によってつくられます。したがって、①が正解となります。

問７：①

地層は地層累重の法則により、下に行くほど古くなります。また、向斜構造は地層がＵ字状に折り曲げられているため、新しい地層が下に沈み込んでいます。したがって、正解は①となります。一方、背斜構造の場合は②のようになります。

7. 地殻変動と変成作用

プレートが移動することで、大地は常に変動しています。地震や火山噴火といった急激な変動のみならず、私たちの時間間隔では捉えることが難しいほどの変化も絶えず起き続けているのです。そして、大地の変化はそれをつくる岩石にも影響を及ぼすのです。

Hop │重要事項

地殻変動

プレートの移動にともなって地表面が変化することを地殻変動といいます。地殻変動には急激な変化を起こすものとゆるやかな変化を起こすものがあり、前者の例が地震や火山噴火、後者の例が大陸や島しょ同士の接近や造山運動などです。地球の最高峰であるチョモランマ（エベレスト）を擁するヒマラヤ山脈は、大陸プレート同士の衝突によって引き起こされた造山運動によってつくられました。造山運動が起きているところを造山帯と呼ぶことは先に述べましたが、造山帯はプレートの収束境界＝大陸プレート同士が衝突するところであり、地震帯や火山帯でもあるのです。

参考
太平洋プレートの移動に伴って、ハワイ諸島は年間に数 cm 程度の速さで日本列島へと近づいてきている。およそ 7000 万年後には、日本列島の隣にハワイ諸島がやってくるであろう。

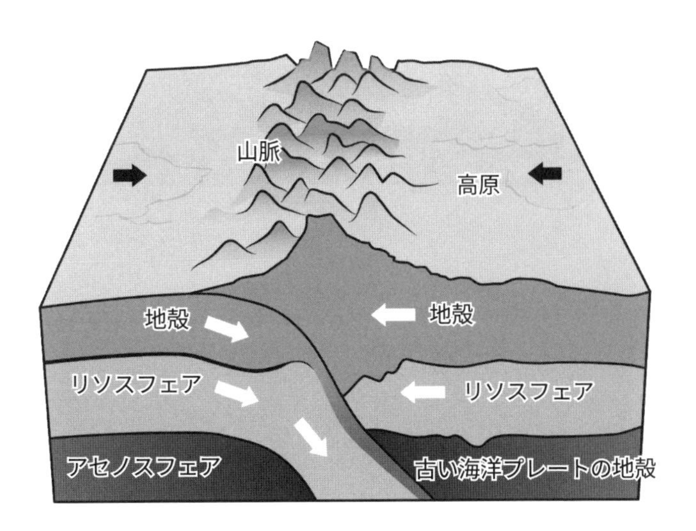

変成作用と変成岩

地殻変動によってプレートをつくる岩石に強い力や熱が加わり、その結果、もとの岩石がつくり変えられることを変成作用といいます。また変成作用を受けて性質が変化した岩石を**変成岩**といいます。

変成岩には**接触変成作用**と**広域変成作用**の２つがあり、前者を受けた岩石を**接触変成岩**、後者を受けた岩石を広域変成岩といいます。接触変成岩は、岩石が高温の溶岩と接することで鉱物が変化したり結晶構造が変わったりしてできたものです。マグマの熱によって編成が起こるので、熱変成岩とも呼ばれます。泥岩が接触変成作用を受けてつくられた**ホルンフェルス**や石灰岩が接触変成作用を受けてつくられた**結晶質石灰岩＝大理石**がよく知られています。なお､マグマが地層のすき間に入り込んでいくことを**貫入**、貫入したマグマが冷えて固まった岩石を貫入岩体といいます。広域変成作用は、主に造山帯に沿った幅数十 km、長さ数百 km 以上という広い範囲にはたらきます。その源はプレートの衝突に伴う強い力と熱です。広域変成作用には、圧力が優位にはたらいた**高圧低温型**と、熱が優位にはたらいた**低圧高温型**があります。

◉ 高圧低温型 …… 鉱物の結晶が圧力によって一列に並ぶ**片理**(へんり)という構造が見られる**結晶片岩**(けっしょうへんがん)がつくられる
◉ 低圧高温型 …… 鉱物の結晶が大きい**片麻岩**(へんまがん)と呼ばれる岩石がつくられる

《 接触変成作用 》

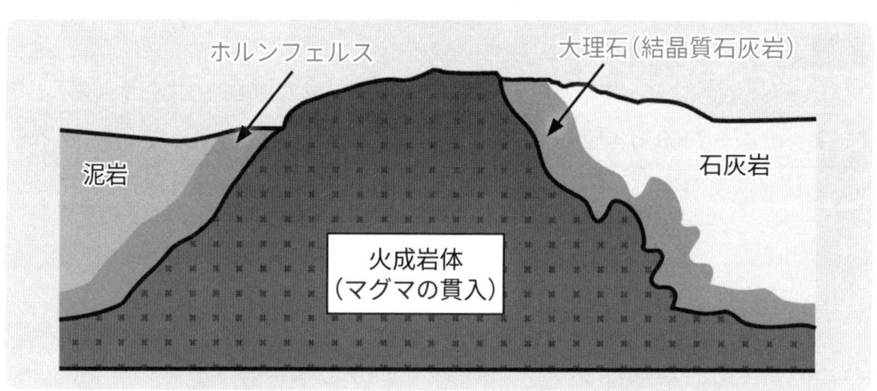

《 広域変成作用 》

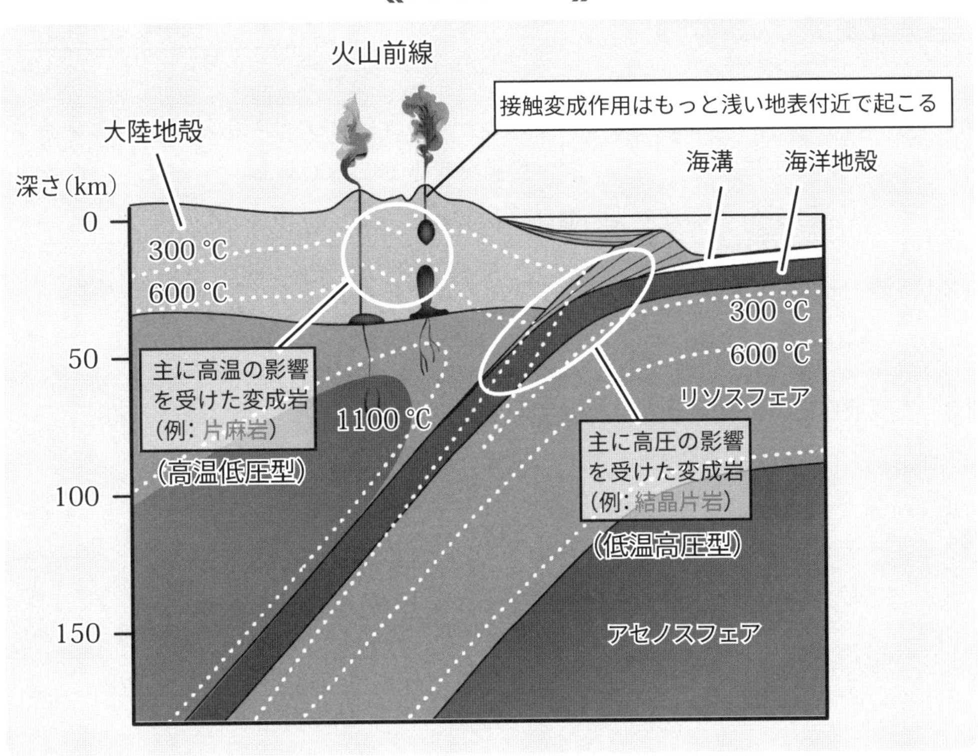

参考

プレートの沈み込み帯に位置する日本には、プレートの境界に沿って高圧低温型変成帯と低圧高温型変成帯が対になって分布している。

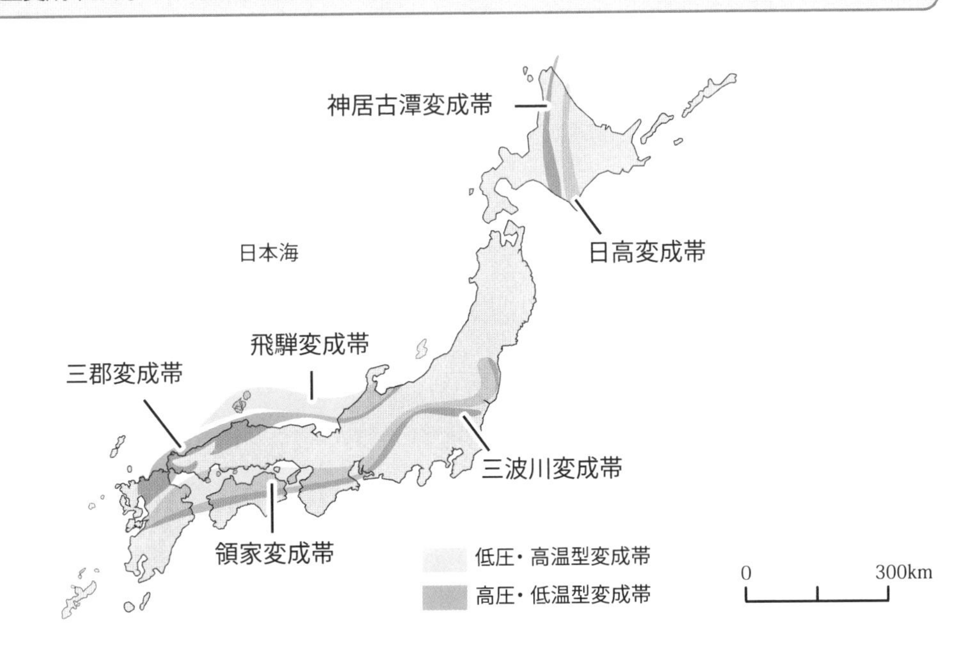

Step｜基礎問題

（　）問中（　）問正解

■ 各問の空欄に当てはまる語句をそれぞれ①～③のうちから一つずつ選びなさい。

問１　造山帯は主に（　　　　）同士が衝突するところである。
　① 大陸プレート　② 海洋プレート　③ ホットスポット

問２　圧力や熱によって岩石をつくり変えるはたらきを（　　　　）という。
　① 続成作用　② 変成作用　③ 圧熱作用

問３　変成作用には２種類あり、接触変成作用と（　　　　）がある。
　① 非接触変成作用　② 圧縮変成作用　③ 広域変成作用

問４　接触変成作用では、（　　　　）が岩石をつくり変えるはたらきをしている。
　① 熱　② 圧力　③ 水

問５　砂岩や泥岩が接触変成作用を受けてできた岩石は（　　　　）である。
　① チャート　② ホルンフェルス　③ 結晶質石灰岩

問６　大理石が接触変成作用を受ける前の岩石は（　　　　）である。
　① 石灰岩　② 泥岩　③ 砂岩

問７　圧力と熱の両方の影響が見られる変成作用は（　　　　）である。
　① 接触変成作用　② 広域変成作用　③ 熱変成作用

問８　広域変成岩の特徴には（　　　　）という特徴がみられる。
　① 片理　② 結晶質　③ もろい

問９　広域変成岩で温度よりも圧力の影響を強く受けてできたものは（　　　　）である。
　① 片麻岩　② 結晶質石灰岩　③ 結晶片岩

問10　マグマが地層のすき間に入り込んでいくことを（　　　　）という。
　① 侵入　② 貫入　③ 挿入

解答

問１：①　問２：②　問３：③　問４：①　問５：②　問６：①　問７：②　問８：①
問９：③　問10：②

Jump | レベルアップ問題

（　）問中（　）問正解

■ 次の問いを読み、問１～問７に答えよ。

問１　地殻変動として**適切でないもの**を、次の①～③のうちから一つ選べ。

① 地震　② 造山運動　③ 続成作用

問２　変成岩として**適切でないもの**を、次の①～③のうちから一つ選べ。

① 結晶質石灰岩　② 結晶片岩　③ 岩塩

問３　ホルンフェルスが接触変成作用を受ける前の岩石として考えられるものとして適切なものを、次の①～③のうちから一つ選べ。

① 石灰岩　② 泥岩　③ 花こう岩

問４　鉱物の結晶が一定方向へ並んだ構造として適切なものを、次の①～③のうちから一つ選べ。

① しま　② 結晶質　③ 片理

問５　日本に分布する変成帯のうち、高温低圧型の変成帯として適切なものを、次の①～③のうちから一つ選べ。

① 三波川変成帯　② 飛騨変成帯　③ 領家変成帯

問６　図１は、ある海岸地域で観察される地層の模式断面図である。Ａ岩体は深成岩である。Ｂ層は８千年前にできた凝灰岩である。Ｃ層は礫を含む砂岩層であり、新第三紀の貝化石が見られる。Ｄ層は薄い泥岩層をはさむ砂岩層である。Ｃ～Ｄ層には熱による変成作用が見られる。この熱による変成作用によってできる岩石名として最も適当なものを、次の①～④のうちから一つ選べ。

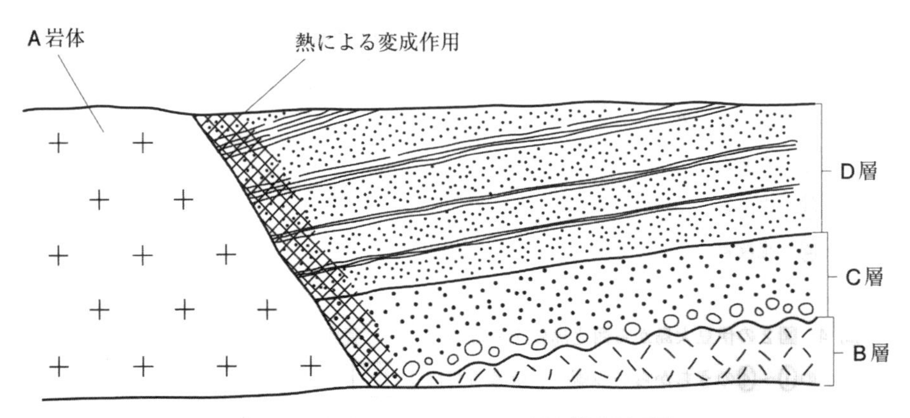

図１　海岸地域で観察される地層の模式断面図

①　アセノスフェア
②　ホルンフェルス
③　安山岩
④　花こう岩

問７　図１の模式断面図について、Ａ岩体とＢ～Ｄ層が形成された順序として最も適当なものを、次の①～④のうちから一つ選べ。

①　Ａ岩体 → Ｂ層 → Ｃ層 → Ｄ層
②　Ａ岩体 → Ｄ層 → Ｃ層 → Ｂ層
③　Ｂ層 → Ａ岩体 → Ｃ層 → Ｄ層
④　Ｂ層 → Ｃ層 → Ｄ層 → Ａ岩体

解答・解説

問1：③

地殻変動とは、プレートの移動にともなって地表面が変化することをいいます。地殻変動には急激なものとゆるやかなものがあり、前者は地震のほか火山噴火が、後者には造山運動のほか島しょ同士の接近などが挙げられます。続成作用は沈殿によって水中に堆積した砂や泥などが押し固められて岩石（堆積岩）となる作用であり、プレートの移動は関係ありません。したがって、正解は③となります。

問2：③

結晶質石灰岩は石灰岩が接触変成作用を受けてつくられた岩石、結晶片岩は様々な岩石が低温高圧型の変成作用を受けてつくられた岩石で、いずれも変成岩です。岩塩は、水中から析出した塩化ナトリウムが結晶化して沈殿、堆積してつくられた岩石で、堆積岩に分類されます。したがって、正解は③となります。

問3：②

ホルンフェルスは砂岩や泥岩などが接触変成作用を受けてできたものです。したがって、正解は②となります。

問4：③

鉱物の結晶が一定方向へ並んだ構造を片理といいます。したがって、正解は③となります。

問5：①

プレートの沈み込み帯に位置する日本には、プレートの境界に沿って高温低圧型変成帯と低温高圧型変成帯が対になって分布しています。北海道には高温低圧型の神居古潭変成帯と低温高圧型の日高変成帯が、本州から九州の日本海側には高温低圧型の三郡変成帯と低温高圧型の飛驒変成帯が、中央構造線に沿った領域には高温低圧型の三波川変成帯と低温高圧型の領家変成帯が、それぞれ広がっています。したがって、正解は①となります。

問６：②

Ｃ～Ｄ層は、Ａ岩体と接している部分付近が変性作用を受けています。このことから、堆積岩が接触変成作用を受けたホルンフェルスができたと考えられます。したがって、②が正解となります。①のアセノスフェアは地球内部の構造の名称の一つで、プレート（リソスフェア）の下に位置する流動性を持つ層のことです。③の安山岩は火山岩の一種、④の花こう岩は深成岩の一種で変成作用を受けて作られる変成岩ではありません。

問７：④

地層累重の法則から、地層は下位にあるものほど古くなります。つまり、Ｂ層、Ｃ層、Ｄ層の順に堆積したことになります。岩体Ａはマグマの貫入によってできたもので、Ｂ～Ｄ 層すべてに熱による変成作用を及ぼしていることから、Ｂ～Ｄ層がすべて堆積した後に岩体Ａは作られたことになります。したがって④が正解となります。

8. 地層の新旧と古環境

地層を観察する際、各層の新旧を見極めることが最も重要と言っても過言ではありません。その鍵となる地質構造をしっかり把握しましょう。また新旧だけでなく、どのような時代につくられた地層なのか、それは何年前なのか、それを知るためにはどうすればいいのか、地球の歴史における年代についても押さえておきましょう。

Hop ｜重要事項

地層の新旧の見分け方

地層は、単純に考えれば下の層ほど古く、上の層ほど新しいと推測できます。これを地層累重の法則といいます。ただ、この法則は必ずしも当てはまるわけではなく、地層が“逆転”したり垂直近くまで傾いたりして新旧の判定が難しくなることもめずらしくありません。そういう場面でどのように地層の新旧を判定すればいいか、必要となる地質構造を以下で説明しましょう。

級化成層

砕屑物が水中で静かに堆積するときは、粒が大きなものほど速く沈殿していくため、地層の下部ほど粒子が荒く、上部ほど粒子が細かくなります。この構造を級化成層といいます。すなわち、細かい粒子側の層が新しく、大きな粒子側の層が古いことになります。

《 級化成層 》

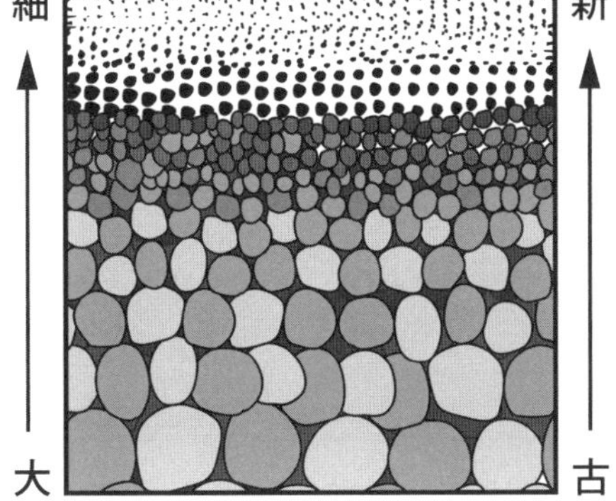

基底レキ岩

層と層の境目が不整合の場合、下の層が浸食されることで生じたレキが上の層に取り込まれます。そのレキを**基底レキ岩**といい、それが含まれている方が新しいことがわかります。

《 基底レキ岩 》

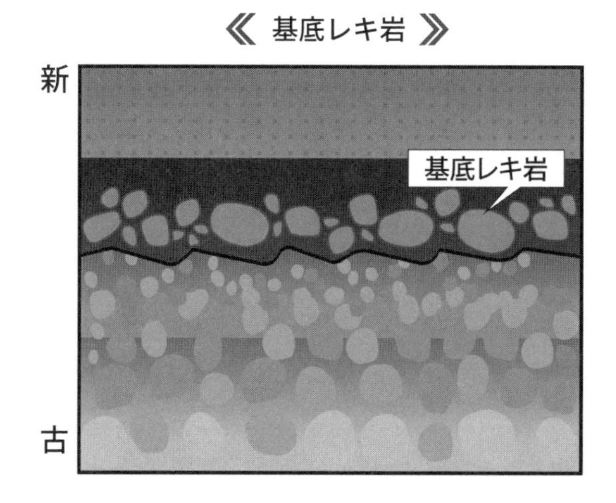

接触変成岩

マグマが貫入し、その熱が原因で生じた**接触変成岩**があれば、接触変成岩が含まれる層が古く、貫入岩体が新しいことがわかります。

《 接触変成岩 》

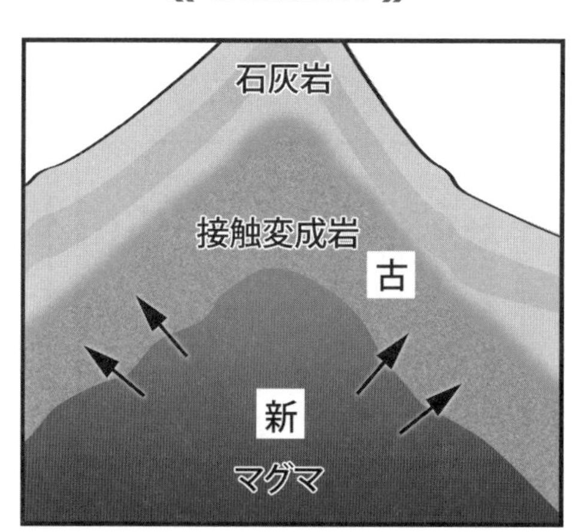

地層の対比

異なる地点の地層を比較して同じかどうかを判定することを地層の対比といいます。そこで役に立つのが**鍵層**と呼ばれる地層です。鍵層は、短期間に広範囲に堆積した見つけやすい地層で、例えば火山灰が堆積してできた凝灰岩層がそれにあたります。火山灰は短時間で広い範囲に降り積もり、色（含まれる鉱物）も火山によって特徴があるため判定しやすいのです。

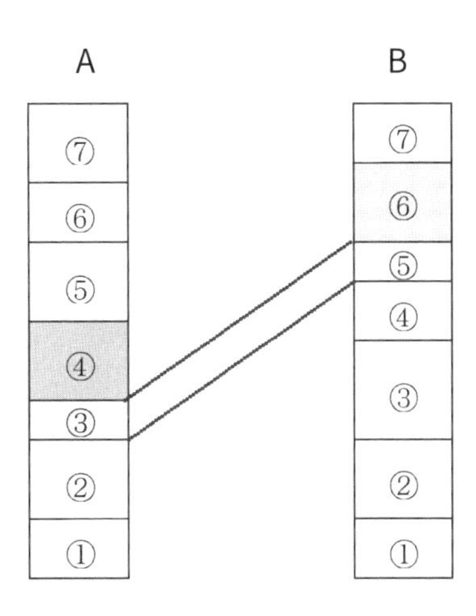

また、地層中に産出する化石も地層の対比に役立つほか、後で述べる地質年代の決定に役立ちます。化石とは生物の遺骸や生活の痕跡が遺されたもの。骨や歯、貝殻などの生物の体の硬組織のほか、皮膚や羽根などの軟組織、糞や足跡、巣穴の跡などが化石となります。化石には、それが含まれていた地層の時代決定に役立つ**示準化石**とそれが含まれていた地層が堆積した環境の決定に役立つ**示相化石**とがあります。

◉ 示準化石の条件……①種として短期間しか生存していない
②広範囲に生息していた
③個体数が多い

◉ 示相化石の条件……①種として長い期間生息していた
②限られた環境でのみ生息していた

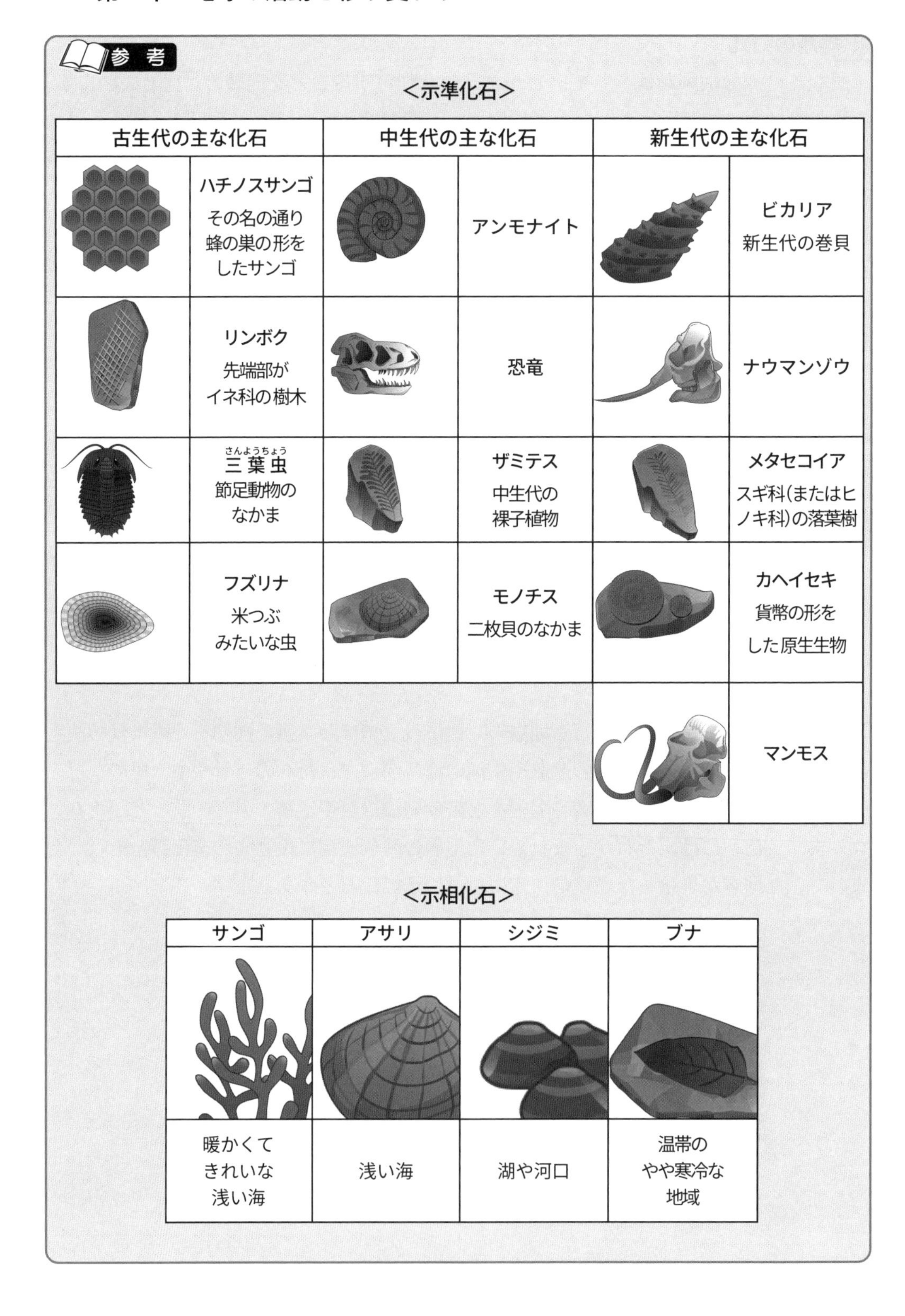

参考

<示準化石>

古生代の主な化石	中生代の主な化石	新生代の主な化石
ハチノスサンゴ その名の通り蜂の巣の形をしたサンゴ	アンモナイト	ビカリア 新生代の巻貝
リンボク 先端部がイネ科の樹木	恐竜	ナウマンゾウ
三葉虫(さんようちょう) 節足動物のなかま	ザミテス 中生代の裸子植物	メタセコイア スギ科(またはヒノキ科)の落葉樹
フズリナ 米つぶみたいな虫	モノチス 二枚貝のなかま	カヘイセキ 貨幣の形をした原生生物
		マンモス

<示相化石>

サンゴ	アサリ	シジミ	ブナ
暖かくてきれいな浅い海	浅い海	湖や河口	温帯のやや寒冷な地域

地質時代

地質時代は、岩石の年代や地層の重なりの順序、生物の変遷などにもとづいて区分されています。特に、地層をもとにした年代区分を**相対年代**、岩石や鉱物の形成年代を数値で示したものを**絶対年代**といいます。岩石や鉱物の形成年代は、放射性同位体を用いて測定します。

地質時代		絶対年代(億年)	動物界		植物界	
新生代	第四紀		哺乳類時代	人類の繁栄	被子植物時代	被子植物の繁栄
	新第三紀 古第三紀	0.02		哺乳類の繁栄		
中生代	白亜紀	0.64	爬虫類時代	大型爬虫類(恐竜)とアンモナイトの繁栄と絶滅	裸子植物時代	被子植物の出現
	ジュラ紀	1.40		大型爬虫類(恐竜)の繁栄鳥類(始祖鳥)の出現		針葉樹の繁栄
	三畳紀	2.08		爬虫類の発達 哺乳類の出現		ソテツ類の出現
古生代	二畳紀	2.42	両生類時代	三葉虫とフズリナ(紡錘虫)の絶滅	シダ植物時代	
	石炭紀	2.84		両生類の繁栄、フズリナの繁栄、爬虫類の出現		木生シダ類が大森林形成 裸子植物の出現
	デボン紀	3.60	魚類時代	両生類の出現 魚類の繁栄		
	シルル紀	4.09		サンゴ、ウミユリの繁栄	藻類時代	陸上植物の出現
	オルドビス紀	4.36	無脊椎動物時代	魚類の出現 三葉虫の繁栄		藻類の繁栄
	カンブリア紀	5.00		三葉虫の出現		
先カンブリア時代		5.64 46		原生動物、海綿動物、腔腸動物などが出現		緑藻類の出現 シアノバクテリア類の出現 細菌類の出現

Step ｜基礎問題

（　）問中（　）問正解

■ 各問の空欄に当てはまる語句をそれぞれ①～③のうちから一つずつ選びなさい。

問１　地層は基本的に下の方ほど古く上の方ほど新しいと考えられる。これを（　　　）という。

① 地層形成の法則　② 地層傾重の法則　③ 地層累重の法則

問２　砕屑物が水中で静かに堆積するとき、粒が大きなものほど速く沈殿し、地層の下部ほど粒子が荒くなる。この構造を（　　　）という。

① 級化成層　② 向斜　③ 続成作用

問３　貫入岩体と接触変成岩体の古さを比較した場合、（　　　）。

① 貫入岩体が古い　② 接触変成岩体が古い

③ これだけでは判定できない

問４　異なる地点の地層を比べて、同じ時代のものであるかどうかを調べることを（　　　）という。

① 地層の比較　② 地層の対比　③ 地層の判定

問５　地層の対比に役立つものに鍵層と呼ばれるものがあるが、鍵層としてよく利用されるものは（　　　）である。

① レキ岩層　② 砂岩層　③ 凝灰岩層

問６　地層の時代を決めるのに役立つ化石を（　　　）という。

① 示準化石　② 示相化石　③ 年代化石

問７　示準化石となるための条件としてあてはまるものは（　　　）である。

① 個体数が少ない　② 広範囲に生息　③ 長期間生息

答

問１：③　問２：①　問３：②　問４：②　問５：③　問６：①　問７：②

問 8　その時代の環境決定に役立つ化石を（　　　　）という。

① 示準化石　② 示相化石　③ 環境化石

問 9　地層や化石をもとにした地質時代の年代区分を（　　　　）という。

① 地質年代　② 絶対年代　③ 相対年代

問 10　現在からさかのぼる具体的な時間で地質時代を表したものを（　　　　）という。

① 地質年代　② 絶対年代　③ 相対年代

答

問8：②　問9：③　問10：②

（　）問中（　）問正解

■ 次の問いを読み、問１～問６に答えよ。

問１　次の地層で最も遅く堆積した層として適切なものを、次の①～③のうちから一つ選べ。

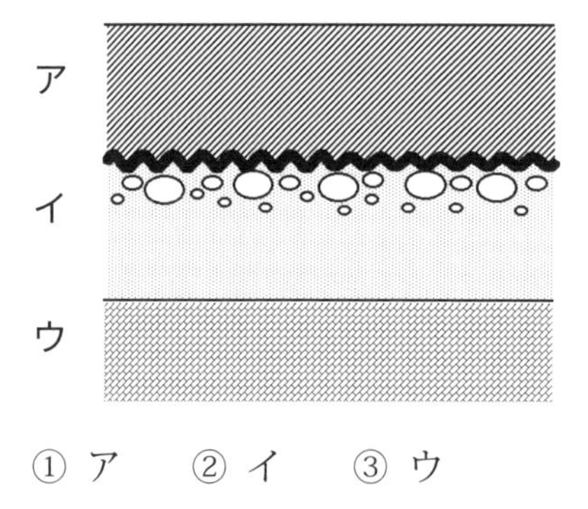

① ア　② イ　③ ウ

問２　次の地質構造で、できた順番として適切なものを、次の①～③のうちから一つ選べ。

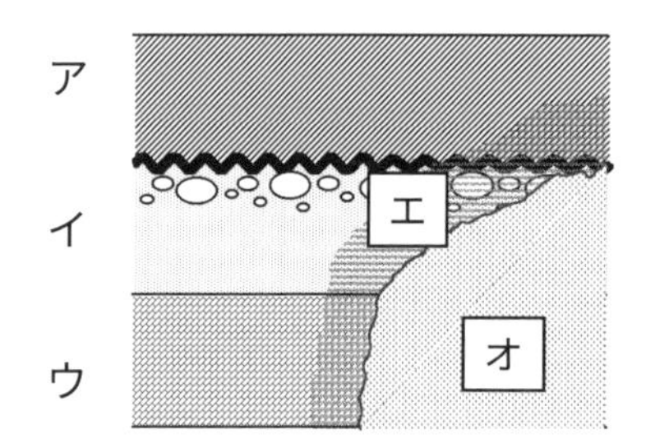

① ア→イ→ウ→エ→オ
② ウ→イ→ア→エ→オ
③ ウ→イ→ア→オ→エ

問３　次のうち化石として**適切でないもの**を、次の①～③のうちから一つ選べ。
① 生物の糞　② 溶岩が流れた跡　③ 生物の巣のあと

問４　新生代の示準化石として適切なものを、次の①～③のうちから一つ選べ。
①　ビカリア　　②　モノチス　　③　フズリナ

問５　絶対年代を求めるために利用される物質として適切なものを、次の①～③のうちから一つ選べ。
①　蛍光鉱物　　②　放射性同位体　　③　同素体

問６　地層を観察する際にもっとも重要となる法則があり、それは「地層累重の法則」と呼ばれている。この法則を説明した文として最も適当なものを、次の①～④のうちから一つ選べ。
①　地層は下から上に堆積していくため、地層の逆転が無い場合は、新しい地層が上位に重なる。
②　堆積物は上に重なるものの重さで圧縮・脱水され、さらに粒子間に新しい鉱物ができ固結する。
③　離れた地域の地層でも、化石や火山灰から、それらが同じ時代の地層であることが確かめられる。
④　水流の強い場所では大きな粒子が堆積し、水流の弱いところでは小さな粒子が堆積する。

解答・解説

問１：③

アとイの境界は不整合で、イの層に基底レキ岩が見られるので、イの方が新しくアの方が古い層です。つまりこの場合は地層が逆転しているのです。ですから最も遅く堆積した層は最も下にあるウです。したがって、正解は③となります。

問２：①

オの岩体はイとウの層理面を途中で止めていて、なおかつア・イ・ウそれぞれにオのまわりに沿ってエの変成岩ができています。ですから、ア・イ・ウの地層があるところに後からオのマグマが貫入してきたことが分かります。それによってエの変成岩ができています。また、アとイは不整合になっています。イの上部に基底レキ岩があることから、地層が逆転していることがわかります。上にあるものほど古く下にあるものほど新しいということです。これらのことからできた順番、ア→イ→ウ→エ→オとなり、正解は①となります。

問３：②

化石は生物の体や生活の痕跡が遺されたものをいいます。溶岩が流れた跡は火山噴火の痕跡で、生物とはまったく関係がありません。そのため化石とは呼びません。したがって、正解は②となります。

問４：①

ビカリアは新生代に生息した巻貝の一種。モノチスは中生代に生息した二枚貝の一種で、フズリナは古生代に生息した有孔虫（原生生物の一種）の一種です。したがって、正解は①となります。

問５：②

絶対年代を求めるために利用される物質は放射性同位体です。ウランや放射性炭素などがあります。したがって、正解は②となります。

問６：①

地層累重の法則とは、斉一説に則って「地層は下から上に堆積し、地層の逆転がない場合は新しい地層ほど上位にくる」というものです。したがって、正解は①となります。②は続成作用についての説明、③は鍵層の説明、④は堆積作用についての説明です。

9. 古生物の変遷

生命は地球に誕生して以来、進化を続け現在まで連綿と続いてきました。そもそも地球はどのように生命が誕生しうる、繁栄しうる環境になったのでしょうか。地球誕生の頃まで時計の針を戻し、地球がどのような変化をし、そしてどのような生物が誕生してきたのか、時系列を追って把握できるようにしましょう。

Hop ｜重要事項

生命の誕生

地球は、太陽の周囲にできた塵とガスの円盤の中で誕生しました。微惑星と呼ばれる小天体の衝突・合体を繰り返すことで生まれた地球は、はじめのうちは全体が高温のマグマで覆われていました。これを**マグマオーシャン**といいます。その結果、地球内部から二酸化炭素や水蒸気といったガスが放出され、原始大気がつくられます。なお、当時の大気には酸素はまったくといっていいほど含まれていませんでした。

その後、地球の表面温度が下がるにつれ、大気中の水蒸気が凝結し、大量の雨となって地表へ降り注ぎます。そして原始海洋がつくられ、海水中に溶け込んでいた有機物を材料とする、膜に包まれた何かしらの構造が誕生します。それらの中から自己複製できるようになったものが最初の生命だと考えられています。約40億年前のことです。なお、最古の生物化石は原始的な細菌類のもので、グリーンランド南部の約38億年前の岩石中に発見されています。その後、生命は長い時間をかけて体の構造やはたらきが複雑になっていき、多様性も増していきます。これが生命の進化です。現在に生きる私たちまで、生命は途切れることなく地球に存在し続け、進化を繰り返してきました。

光合成生物の誕生（約27億年前～）

誕生からしばらく、生命は酸素を用いずに有機物を分解してエネルギーを取り出す嫌気性の細菌類がほとんどでした。やがて原始的なラン藻類である**シアノバクテリア**が出現します。シアノバクテリアの大きな特徴は、太陽の光エネルギーを利用して二酸化炭素と水から有機物を合成する、いわゆる光合成を行うことです。その結果、大量の酸素が海洋中に放出されるようになります。すると、海水中に溶け込んでいた鉄と酸素が結びつき、酸化鉄が生じます。酸化鉄は海底に沈殿し、層状に堆積します。こうしてつくられたのが**縞状鉄鉱層**（しまじょうてっこうそう）です。縞状鉄鉱層の一部はプレートの移動に伴って大陸の内部に運ばれ、鉄鉱石として産出されるようになります。私たち人類が利用している鉄資源のほとんどは、実は縞状鉄鉱層から得られたものなのです。

参 考

シアノバクテリアなどラン藻類が分泌した粘液に石灰質の小さな粒が付着して細かい縞（しま）ができ、それが層状に重なったものをストロマトライトといいます。オーストラリア西部では、現生のラン藻類がストロマトライトを形成しています。

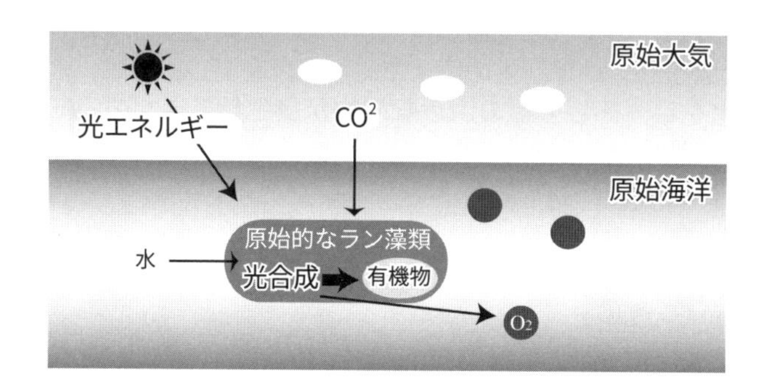

大気の変化と好気性の生物の登場

光合成を行う生物の登場は、地球環境を劇的に変えました。縞状鉄鉱層の形成によって海洋中の鉄などが取り除かれると、酸素は何かと結びつくことなく大気中に放出されるようになります。また光合成によって海水中に溶け込んでいた二酸化炭素が消費されると、大気中の二酸化炭素が海洋に溶け込むようになります。その結果、大気中の二酸化炭素は減少し、反対に大気中に酸素が増えていくことになるのです。

酸素は、非常に酸化力が高い物質です。その酸化作用で多くの生物が絶滅を余儀なくされています（一部は深海の熱水噴出孔の周辺など酸素がほとんど存在しない環境で生き延びた）。一方、酸素を用いない（嫌気呼吸）場合に比べ、酸素を用いた方（好気呼吸）が多くのエネルギーを生み出すことができます。酸素の増加によって好気呼吸を行う生物が出現し、活動性が高いこともあって繁栄していきました。

大気中の酸素の増加は、オゾン層を誕生させました。オゾン層がつくられたことで太陽からの有害な紫外線の大部分が遮断されるようになり、生命が陸上へと進出する足掛かりになったのです。

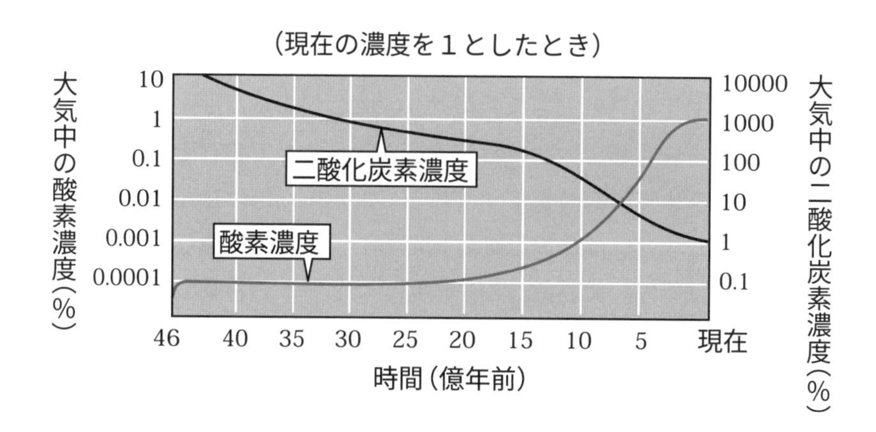

真核生物の登場（約21億年前〜）

最初期の生命は、すべて細胞中に核を持たない原核生物でした。現生の生物においても細菌類やラン藻類は原核生物です。一方、現在のほとんどの動物や植物は核膜で包まれた核を持つ真核生物です。約 21 億年前、原核生物の中から真核生物が現れました。

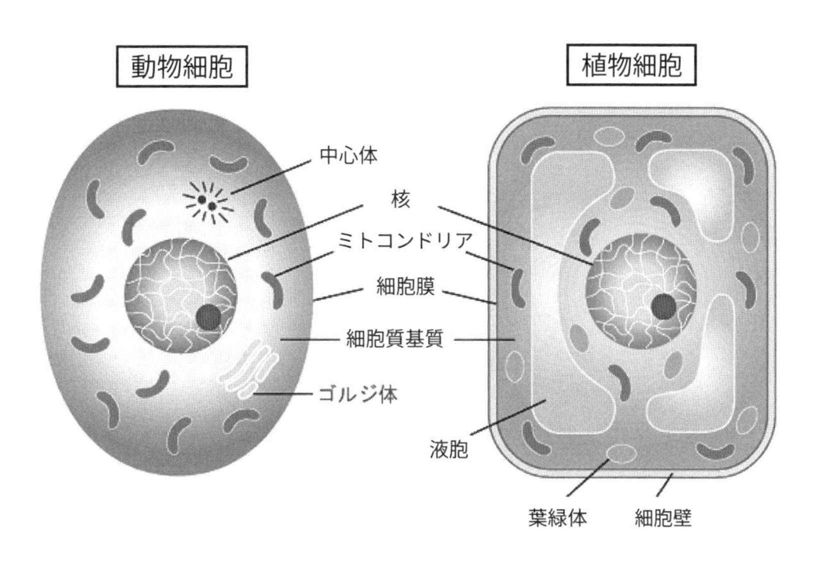

生物の変遷と地球環境の変化

地質時代は、生物の変遷などをもとに次のように区分されています。

（億年前）　5.6　2.42　0.64　現在

先カンブリア時代	古生代						中生代			新生代	
	カンブリア紀	オルドビス紀	シルル紀	デボン紀	石炭紀	二畳紀	三畳紀	ジュラ紀	白亜紀	第三紀	第四紀

地球誕生

先カンブリア時代

古生代以前は先カンブリア時代と呼ばれ、化石などの生命の証拠が極端に少ない時代です。それでも約10億年前には複数の分化した細胞からなる多細胞生物が出現します。しかし、ほとんどがクラゲのようにからだが扁平でやわらかい動物でした。先カンブリア時代の末期（約6億～5億5000万年前）には**エディアカラ動物群**（ディキンソニア、スプリギナなど）と呼ばれる大型の多細胞生物群が現れ、生命の多様性が一気に増えました。

水中生物の発展

古生代カンブリア紀は温暖な時代で、背骨を持たない代わりに固い殻を持つ無脊椎動物が繁栄します。**カンブリア大爆発**とも呼ばれる、現在の生物に繋がる、非常に多くの種類の生物が誕生する“事件”があったのです。**三葉虫**や**フズリナ**がよく知られているほか、オパビニアやハルキゲニアなど風変わりな生物も出現しました。アノマロカリスのように他の生物を捕食する生物も登場します。

カンブリア紀の次のオルドビス紀には、背骨を持った最初の脊椎動物である無ガク類が栄えます。また、このころ海洋中の藻類が繁栄し、大気中の酸素濃度が増加、オゾン層がつくられています。

生物の陸上進出

古生代シルル紀（オルドビス紀の次）には、まず植物の仲間が陸上に上がります。最初はコケ植物が、やがて根・茎・葉の区別があるシダ植物（リニア、プシロフィトンなど）が誕生し、陸上を覆うようになります。

シルル紀の次のデボン紀には両生類（セイムリア 、イクチオステガなど）が登場し、動物が陸上に進出します。デボン紀の次の石炭紀には大型のシダ植物（ロボク、リンボクなど）が陸上で繁茂し大森林を形成します。私たちが燃料として使用している石炭の大部分は、石炭紀のシダ植物がもとになっています。加えて陸生の昆虫類が出現、当時は現在よりも酸素濃度が高く、全長が 60 cm を超えるトンボの仲間（メガネウラ）など巨大昆虫が生息していました。石炭紀末期は気候の乾燥化が進み、その結果、両生類が衰退し、代わりにハ虫類が出現します。

恐竜の時代

古生代末、地球環境の激変に伴う大量絶滅が起こります。その後の中生代（三畳紀・ジュラ紀・白亜紀）はハ虫類の時代です。大型化・多様化した恐竜類が繁栄するとともに、海には首長竜や魚竜といった海生ハ虫類が、空には翼竜類が進出します。また海にはアンモナイトも繁栄しました。アンモナイトは中生代の示準化石として知られます。哺乳類や鳥類の祖先が登場したのもこの時代です。

植物の進化と哺乳類の登場

最初に陸上に進出した生物である植物ですが、中生代にはソテツ類やイチョウ類といった裸子植物が繁栄します。また中生代末期には被子植物が現れます。裸子植物は種子植物のうち子房を持たず胚珠がむき出しになっているもの、被子植物は胚珠が子房で覆われている植物のことです。中生代の次の新生代に入ると被子植物が繁栄し、種子の形で冬を越せる植物も登場します。

中生代の末には、巨大隕石の衝突が原因ともいわれる大量絶滅が起き、カメやワニ、ヘビなどを除く多くのハ虫類（恐竜類以外）が絶滅してしまいました。その後の新生代に繁栄したのは哺乳類の仲間です。そして新生代第三紀末からは地球の寒冷化と乾燥化が進み、第四紀には氷期と間氷期が交互に訪れるようになります。その結果、森林が縮小して草原が広がると、霊長類の中で樹上生活をしていた種のうちのひとつが直立の二足歩行をはじめました。人類の登場です。初期の人類は 400 万年～ 100 万年前のアフリカに生息していました。新生代には貨幣石（新生代古第三紀）やビカリア（新生代新第三期）といった示準化石が登場します。

Step ｜基礎問題

（　）問中（　）問正解

■ 各問の空欄に当てはまる語句をそれぞれ①～③のうちから一つずつ選びなさい。

問 1　地球が誕生したのは今から約（　　　　）億年前である。
① 42　② 46　③ 50

問 2　最初に光合成をはじめたのは（　　　　）というラン藻類の仲間である。
① ビカリア　② シアノバクテリア　③ ボルボックス

問 3　細胞中に核を持たない生物を（　　　　）という。
① 真核生物　② 無核生物　③ 原核生物

問 4　先カンブリア時代は（　　　　）まで続いた。
① 約 10 億年前　② 約 5.4 億年前　③ 約 2.5 億年前

問 5　古生代のはじめ、（　　　　）と呼ばれる、非常に多くの種類の生物が誕生する“事件”があった。
① エディアカラ大爆発　② カンブリア大爆発　③ オルドビス大爆発

問 6　次のうち中生代に属さないのは（　　　　）である。
① 石炭紀　② 三畳紀　③ 白亜紀

問 7　中生代に大型・多様化したのは（　　　　）である。
① 三葉虫類　② 哺乳類　③ 恐竜類

問 8　裸子植物が繁栄したのは（　　　　）である。
① 古生代　② 中生代　③ 新生代

答

問1：②　問2：②　問3：③　問4：②　問5：②　問6：①　問7：③　問8：②

問 9　初期の人類が出現したのは（　　　　）である。

① 中生代白亜紀　② 新生代第三紀　③ 新生代第四紀

問 10　次のうち、新生代の示準化石は（　　　　）である。

① 貨幣石　② アンモナイト　③ フズリナ

解答

問９：③　問10：①

Jump ｜レベルアップ問題

（　　）問中（　　）問正解

■ 次の問いを読み、問１～問９に答えよ。

問 1　次のうち、つくられた順番として適切なものを、次の①～③のうちから一つ選べ。

① 原始大気 → 縞状鉄鉱層 → オゾン層

② 縞状鉄鉱層 → 原始大気 → オゾン層

③ 原始大気 → オゾン層 → 縞状鉄鉱層

問 2　最初の生命が誕生した頃として適切なものを、次の①～③のうちから一つ選べ。

① 約 30 億年前　② 約 40 億年前　③ 約 45 億年前

問 3　生物が陸上に進出した順番として適切なものを、次の①～③のうちから一つ選べ。

① シダ植物→昆虫類→両生類

② 両生類→昆虫類→ハ虫類

③ コケ植物→両生類→シダ植物

問 4　オルドビス紀とデボン紀の間にある時代区分として適切なものを、次の①～③のうちから一つ選べ。

① カンブリア紀　② シルル紀　③ 石炭紀

問 5　新第三紀の示準化石として適切なものを、次の①～③のうちから一つ選べ。

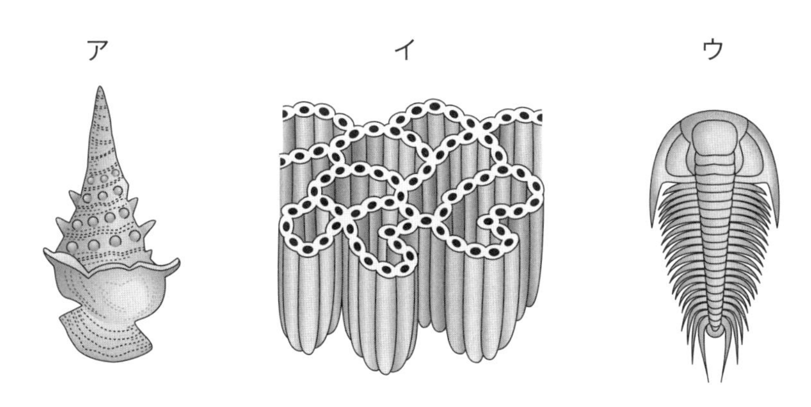

① ア　② イ　③ ウ

問6　地球の大気組成は誕生初期から常に一定ではなく、図1のように大きく変遷している。 A に入るものとして最も適当なものを、次の①～④のうちから一つ選べ。

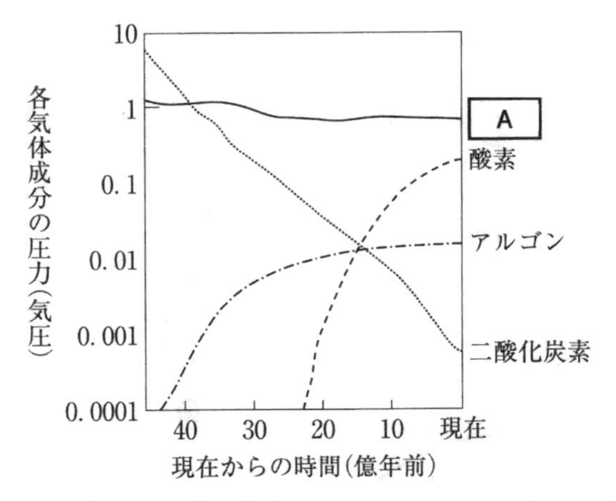

図1　地球の大気組成の変遷(岩波新書「生命と地球の歴史」により作成)

①　水素
②　窒素
③　二酸化硫黄
④　水蒸気

問7　図1より大気中の酸素濃度がある時期から増加したことがわかる。その理由として最も適当なものを、次の①～④のうちから一つ選べ。

①　大気中の二酸化炭素が紫外線により酸素に変化した。
②　海水中の水が分解し、酸素が発生した。
③　地球内部に含まれていた酸素が放出された。
④　光合成生物が出現し、酸素を放出した。

問8　中生代に繁栄していた生物として最も適当なものを、次の①～④のうちから一つ選べ。

①　三葉虫
②　ヌンムリテス
③　アンモナイト
④　ビカリア

問9　タンザニアで発見された猿人（360万年前）が生きていた地質時代の区分として最も適当なものを、次の①～④のうちから一つ選べ。

①　白亜紀　②　古第三紀　③　新第三紀　④　第四紀

解答・解説

問1：①

原始大気は地球誕生直後、微惑星の衝突とその後のマグマオーシャンの形成によって、地球内部から二酸化炭素や水蒸気が放出されてつくられました。縞状鉄鉱層は、シアノバクテリアなどが光合成をはじめ海洋中の大量の酸素が放出されたことでつくられ、海水中に溶け込んでいた鉄が縞状鉄鉱層がつくられることによって取り除かれると、はじめて酸素が大気中に放出されるようになり、その結果オゾン層がつくられました。したがって、正解は①となります。

問2：②

最初の生命は約40億年前に海の中で誕生したと考えられています。したがって、正解は②となります。

問3：②

最初に陸上に進出した生物は植物の仲間で、まずコケ植物、次にシダ植物が陸に上がりました。これは、古生代シルル紀のことです。その後、デボン紀に両生類が動物として初めて陸に上がり、次の石炭紀には陸生の昆虫類が出現します。石炭紀末には気候の乾燥化が進み、ハ虫類が出現しました。したがって、正解は②となります。

問4：②

オルドビス紀もデボン紀も古生代中の紀です。古生代は、カンブリア紀→オルドビス紀→シルル紀→デボン紀→石炭紀→二畳紀と続きます。したがって、正解は②となります。

問5：①

新第三世紀の示準化石はアのビカリアです。イはクサリサンゴ、ウは三葉虫でいずれも古生代です。したがって、正解は①となります。

問6：②

現在の地球大気の主成分は窒素で、ついで酸素、アルゴンの順となります。したがって、②が正解となります。①の水素は軽い気体で地球の重力では大気中に留めておけないため、大気中にはほとんど存在していません。③の二酸化硫黄も火山ガスとして大気中に放出されますが、その量はわずかです。④の水蒸気も大気中に含まれてはいますが、その量は窒素や酸素に比べて微々たるものです。

問７：④

誕生直後の地球大気にはほとんど酸素は存在せず、光合成生物、特にシアノバクテリアの誕生によっておよそ20億年前から大量に大気中に放出されていきました。したがって、④が正解となります。二酸化炭素は紫外線によって分解されることはなく、海水中の水が分解して酸素を発生することもありません。地球内部に含まれていて火山噴火の際に大気中に放出されるのは、主に二酸化炭素と水蒸気です。

問８：③

その化石の含まれる地層が堆積した地質年代を示す化石を示準化石といい、三葉虫は古生代、ヌンムリテス（貨幣石）は新生代第三紀、アンモナイトは中生代、ビカリアは新生代第三紀のそれぞれ示準化石です。したがって正解は③となります。

問９：③

①の白亜紀は約１億4500万年前から約6600万年前まで、②の古第三紀は約6600万年前から約2300万年前まで、③の新第三紀は約2300万年前から約260万年前まで、第四紀は約260万年前から現在までになります。したがって正解は③となります。

第3章

大気と海洋

1. 大気と海洋の構造

私たちは大気の"底"で暮らしています。日々の天気の変化は、皆さんも気にしていることでしょう。大気は様々な気象現象の舞台であるだけでなく、宇宙から降り注ぐ有害な宇宙線などから生命を守るベールでもあります。また、地球は表面の７割が海に覆われた"水の惑星"でもあります。海は生命のゆりかごでもあり、大気とともに地球の環境を左右する大切な要素の一つです。それぞれの構造をしっかりと押さえておきましょう。

Hop｜重要事項

大気の組成

地球大気の主成分は窒素（N_2）と酸素（O_2）です。約78%が窒素、約21%が酸素で、全体の99%ほどを窒素と酸素が占めています。次に多いのが水蒸気（H_2O）で全体の1～3%を占めますが、季節変化や地域による差が大きいです。しかし、そのわずかな量の水蒸気が気象に大きな影響を及ぼしています。温室効果ガスとして知られる二酸化炭素（CO_2）はわずかに0.03%を占めるに過ぎませんが、人間の排出による影響で、地球規模で濃度が増大しているとされています。そのため、地球温暖化の原因とも考えられています。人口密集地域周辺では微量の二酸化硫黄（SO_2）や二酸化窒素（NO_2）が検出されることがあります。これらは大気汚染の原因物質で、例えば、硫酸や硝酸となって雨に混ざり酸性雨の原因となります。

成分		体積%
窒素	N_2	78.08
酸素	O_2	20.95
アルゴン	Ar	0.93
二酸化炭素	CO_2	0.03
ネオン	Ne	1.8×10^{-3}
ヘリウム	He	5.2×10^{-4}
その他		

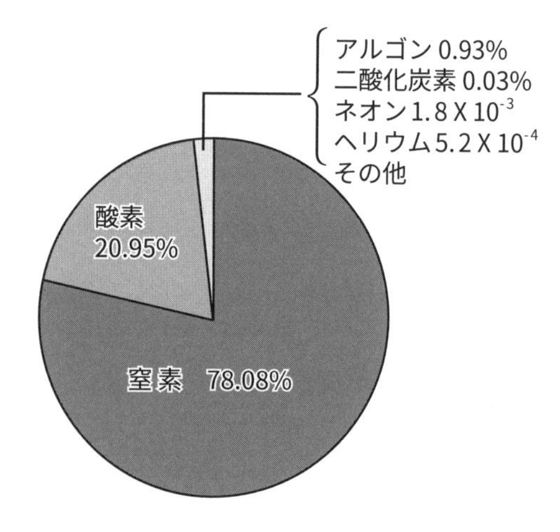

大気組成は、地表からの高度80km程度までは大きく変わりません。ただし、高度が高くなるにつれて軽い原子・分子の割合が増えます。高度170km以上では酸素分子が、高度1000 km以上ではヘリウム（He）が主成分となります。

大気圧

普段の生活では意識することはほとんどありませんが、私たちの頭の上には厚さ数百km にも及ぶ大気（空気）が乗っています。私たちは日々、大気の重みを受けて生活しているのです。単位面積あたりの大気の重さによる力を気圧（大気圧）といいます。地表における気温 15℃、気温降下率が 100 m で 0.65℃の仮想的な大気を標準大気と定義し、標準大気の地表での気圧を 1 気圧とします。SI 単位系における力の単位パスカル（Pa）を用いて表すと、1 気圧＝1013 ヘクトパスカル（hPa）です。下の表を見るとわかるように、高度が 5 km 上昇するごとに気圧は約半分となります。

参考

高さによる気温降下率は気温減率ともいい、空気がどれだけの水蒸気を含むか（湿度）によって変わる。水蒸気で飽和していない空気の塊の場合は 100 m ごとに 0.98°C、水蒸気で飽和している空気の塊の場合は 100 m ごとに 0.5°Cとなる（厳密には気温等に依存する）。

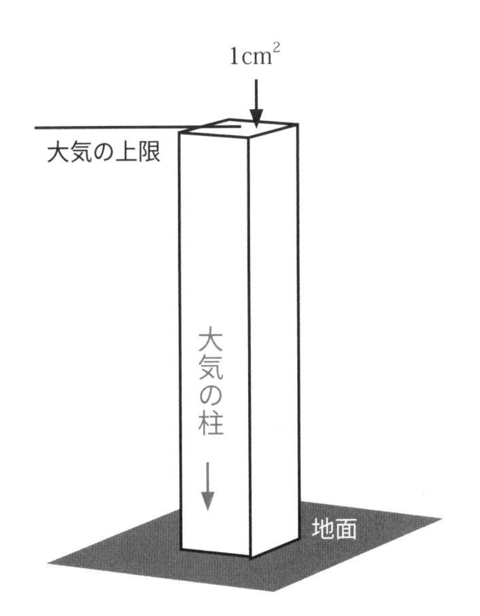

高度（km）	気圧（hPa）
0	1013
1	899
2	795
3	701
4	617
5	540
6	472
7	411
8	357
9	308
10	265

標準大気における気圧

大気の鉛直構造

　大気は、性質の異なるいくつかの層に分けられます。地表に近い順に対流圏、成層圏、中間圏、熱圏に分けられ、それぞれの境界を圏界面といいます。それぞれの圏の特徴は以下の通りです。

対流圏（高度0 km〜対流圏界面）

　大気の最も下の層です。対流が活発で、様々な気象現象が見られます。高度が 100 m 下がると気温は約 0.6℃下がります。大気をつくる空気の総量の 90% が対流圏にあります。

　成層圏との境界を（対流）圏界面といい、その高さは緯度によって大きく変わります。赤道付近で約 18 km、極付近で約 8 km です。

成層圏（対流圏界面〜高度50 km）

　温度は高度とともに上昇します。大気中の酸素分子が紫外線を吸収してオゾン（O_3）を生成していて、高度 25 km 付近で最もオゾン濃度が高まります。これをオゾン層といいます。オゾン層が生命に有害な紫外線を吸収してくれているわけですが、1970 年代からフロンガスによるオゾン層の破壊が問題となっています（現在は改善傾向）。

中間圏（高度50〜80 km）

　温度は高度とともに降下していきます。夜光雲が発生したり、流星が発光したりするのはこの層です。また電離層（D 層）が形成されています。

熱圏（高度80〜500 km）

　大気は非常に希薄で、わずかな分子が激しく運動しています。その分子運動を気温に換算しているため、温度は高度とともに上昇しかなりの高温になっていますが、一般的な“熱い”という感覚ではないでしょう。オーロラは熱圏で発生しています（高度 100 〜 1000 km）。また電離層（E 層・F 層）が形成されています。国際航空連盟は高度 100 km 以上を宇宙と定義していて、一般的にもこの定義が採用されています。

電離層

太陽放射の影響を受けて、大気がイオン化している領域です。電波を反射する性質があるため、通信などに活用されています。電離層はD層、E層、F層の3層があり、それぞれの特徴は次の通りです。

◉ D層（高度50～80 km）

長波（周波数30～300 kHzの電波）を反射します。太陽活動が活発になると短波がD層で吸収され、一時的に短波通信が不能になることがあります。これをデリンジャー現象といいます。D層は、夜間には消滅します。

◉ E層（高度90～140 km）

中波（周波数300～3 MHzの電波）を反射します。そのため長距離通信に活用されます。

◉ F層（高度200～400 km）

短波（周波数3～30 MHzの電波）を反射します。夜は1層ですが､昼は2層（F1層とF2層）に分かれます。これにより、昼と夜で電波の伝わり方が変化します。

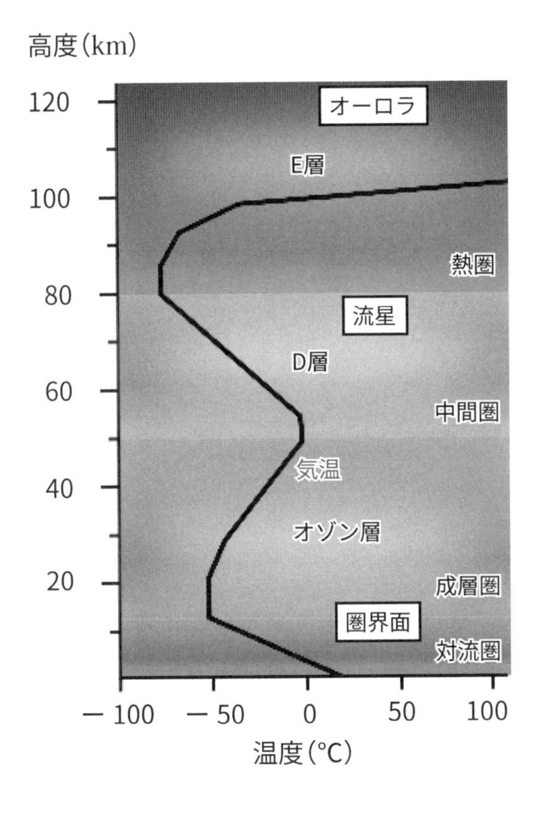

海水の組成と鉛直構造

海で泳いでいて、海水を飲んでしまったという人は少なからずいるでしょう。かなり塩辛かったと思います。私たちが普段の料理で使っている食塩も海水から作られるものが多いです。赤穂(兵庫県)の塩田などは有名ですね。塩と聞くと塩化ナトリウム($NaCl$)を思い浮かべるかもしれませんが、海水には塩化ナトリウムだけでなく、さまざまな物質が溶け込んでいます。

海水1 kg中には塩が約35 g含まれます。つまり海水の3.5%が塩分です。そのうち塩化ナトリウムが約78%を占め、ほかに塩化マグネシウム（$MgCl_2$）約10%、硫酸マグネシウム（$MgSO_4$）約6%、硫酸カルシウム（$CaSO_4$）約4%、塩化カリウム（KCl）約2%と続きます。ほかに酸素や二酸化炭素などの気体も溶け込んでいますし、金属などの固体粒子も含まれます。なお塩分濃度は海域によって大きく変わります。

成分		体積%
塩化ナトリウム	$NaCl$	78
塩化マグネシウム	$MgCl_2$	10
硫酸マグネシウム	$MgSO_4$	6
硫酸カルシウム	$CaSO_4$	4
塩化カリウム	KCl	2

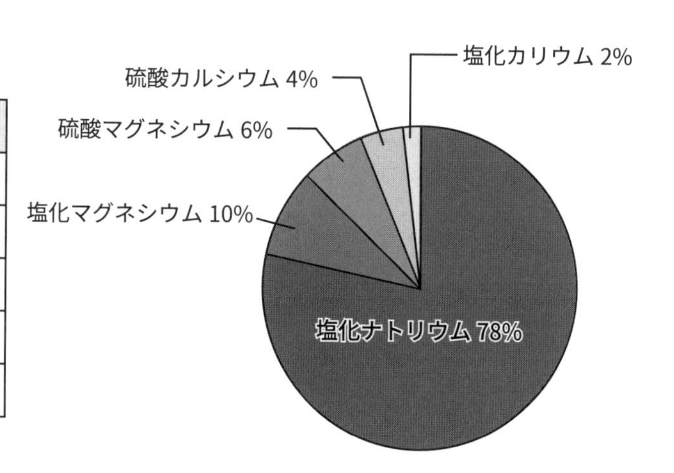

海洋は、水温の変化率などから主に 3 層に分けられています。

◉ 表層混合層（海面～水深約 100 m）

風や波の影響を受けて、よくかき混ぜられている層です。水温はほぼ一定です。

◉ 主水温躍層（水深約 100 ～ 1000 m）

水深が増すにつれて太陽光が届かなくなり、深さとともに水温が急激に低下していきます。水温が下がると塩分を溶け込ませる量も減るため、塩分濃度も深さとともに減少していきます。

◉ 深層（水深約 1000 m ～）

水温は深さとともにゆるやかに低下し、ほぼ一定となります。また一般に深海という場合は水深 200 m 以深の海を指し、深層とは異なります。これは生物の観点から決められたもので、水深 200 m に達すると可視光線がほぼ到達しなくなるためです（つまり光合成ができなくなります）。

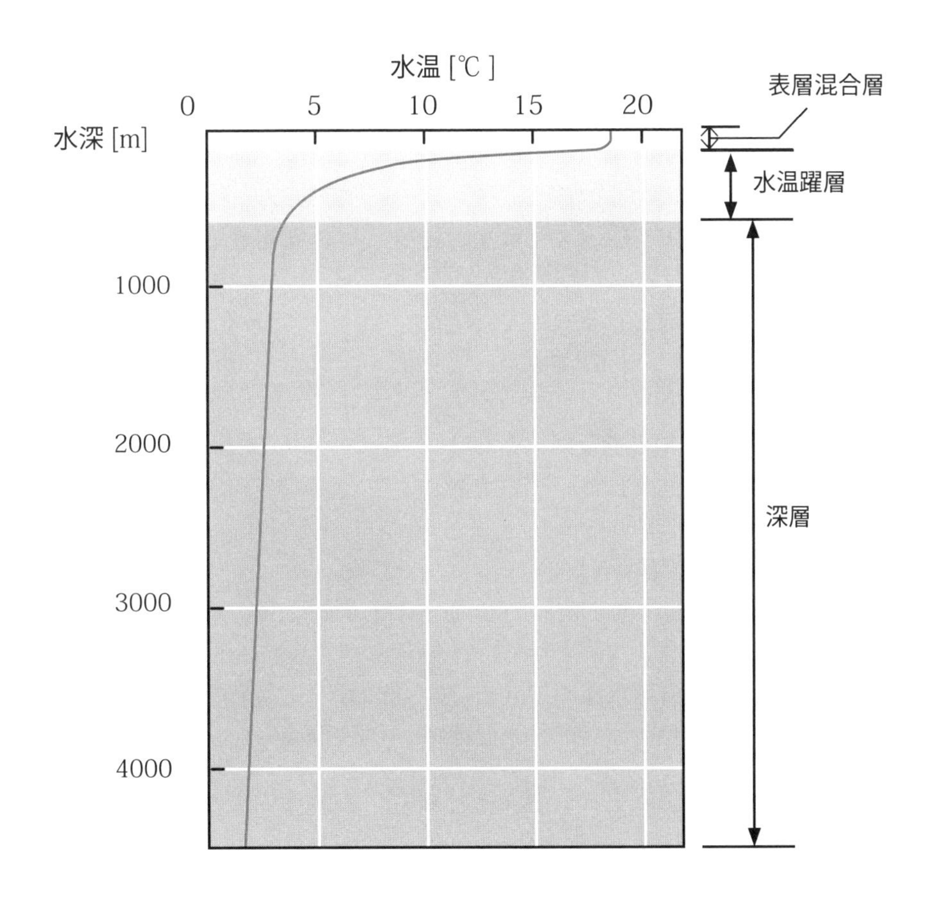

Step｜基礎問題

（　）問中（　）問正解

■ 各問の空欄に当てはまる語句をそれぞれ①〜③のうちから一つずつ選びなさい。

問１　地表付近における大気の成分のうちもっとも多く含まれるものは（　　　）である。
　① 酸素　② 窒素　③ 二酸化炭素

問２　1 気圧は（　　　）hPa（ヘクトパスカル）である。
　① 540　② 760　③ 1013

問３　対流圏と成層圏との境界を対流（　　　）という。
　① 圏界面　② 等圧線　③ 電離層

問４　成層圏に存在するオゾン層は大気中の（　　　）が太陽からの紫外線の影響をうけてできた。
　① 酸素　② 窒素　③ 二酸化炭素

問５　成層圏では高度が上昇するにつれて気温は（　　　）。
　① 上昇する　② 下降する　③ 一定である

問６　中間圏で起きていないことは（　　　）である。
　① 夜光雲の発生　② 流星の発光　③ 電離層 F 層の形成

問７　オーロラが形成されるのは大気の（　　　）である。
　① 成層圏　② 中間圏　③ 熱圏

問８　電離層のうち短波を反射するのは（　　　）である。
　① D 層　② E 層　③ F 層

問９　海水全体の平均塩分は（　　　）である。
　① 海水 1kg 中約 15g　② 海水 1kg 中約 25g　③ 海水 1kg 中約 35g

問 10　海水の水面から約水深 100m までの、温度が一定な範囲を（　　　）という。
　① 表層混合層　② 主水温躍層　③ 深層

解　答

問１：②　問２：③　問３：①　問４：①　問５：①　問６：③　問７：③　問８：③
問９：③　問10：①

（　）問中（　）問正解

■ 次の問いを読み、問１～問８に答えよ。

問 1　地表付近における大気の成分中、酸素が占める割合として適切なものを、次の①～③のうちから一つ選べ。

① 約 20%　② 約 25%　③ 約 78%

問 2　地表の気圧に対し、半分の気圧になる高度として適切なものを、次の①～③のうちから一つ選べ。

① 5 km　② 10 km　③ 50 km

問 3　対流圏で高度が 100 m 高くなるにつれて、平均して気温は何度下がるか。適切なものを、次の①～③のうちから一つ選べ。

① 0.1℃　② 0.6℃　③ 1.1℃

問 4　大気の層構造で、高度の低い順に並んでいるものとして適切なものを、次の①～③のうちから一つ選べ。

① 対流圏 → 中間圏 → 熱圏 → 成層圏
② 対流圏 → 成層圏 → 中間圏 → 熱圏
③ 中間圏 → 対流圏 → 成層圏 → 熱圏

問 5　海水に含まれる塩分のうち、塩化ナトリウムに次いで多い成分として適切なものを、次の①～③のうちから一つ選べ。

① 塩化カリウム　② 塩化マグネシウム　③ 硫酸マグネシウム

問6　図1は地球大気の構造を示したものである。地球の大気は主に曲線アに示される変化によって4つの部分に区分されている。図1の中で、降雨、降雪などの気象現象が生じている部分はどこか。最も適当なものを、次の①～④のうちから一つ選べ。

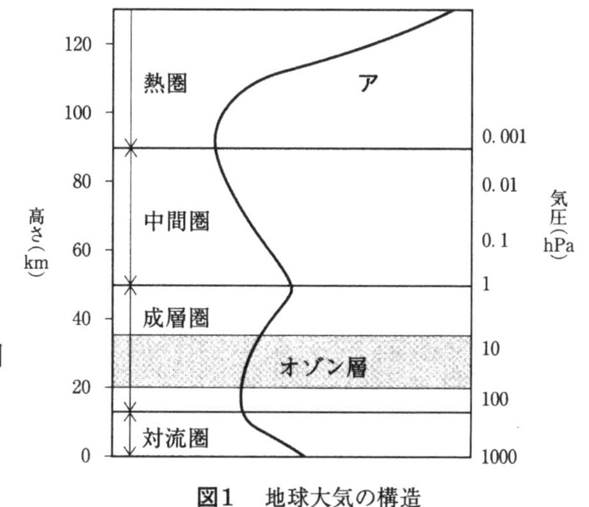

図1　地球大気の構造

① 中間圏　成層圏　対流圏
② 成層圏　対流圏
③ 対流圏
④ 季節により変化する

問7　図1の曲線アは高さの変化にともなうある量の変化を示している。その量として最も適当なものを、次の①～④のうちから一つ選べ。

① 湿度
② 平均風速
③ 大気の温度
④ 大気の平均密度

問8　図1を見ると成層圏と中間圏の境界の気圧はおおよそ1 hPaであることがわかる。このことから対流圏と成層圏の大気を合わせた質量は大気全体の何%になるか。最も適当なものを、次の①～④のうちから一つ選べ。

① 33.3%
② 55.5%
③ 77.7%
④ 99.9%

解答・解説

問1：①

酸素は大気中で2番目に多い成分で、20.95％を占めています。したがって、正解は①となります。なお、選択肢③の約78％は窒素が占める割合です。

問2：①

対流圏内での大気圧は5 km上昇すると地上の約半分となります。さらに5 km上昇するとさらに半分となり、地表面の約4分の1となります。したがって、正解は①となります。

問3：②

対流圏内では上空に行くほど気温は下がります。そのときの気温の下がり方は平均するとほぼ一定で、100 mにつき0.6℃ずつ下がります。これを平均気温減率といいます。したがって、正解は②となります。

問4：②

大気圏の層構造は地表面から上空に向かって、対流圏、成層圏、中間圏、熱圏となっています。したがって、正解は②となります。

問5：②

海水に含まれる塩分のうち圧倒的な割合を占めているのが塩化ナトリウムですが、次いで多いのが塩化マグネシウムで、さらに硫酸マグネシウム、硫酸カルシウム、塩化カリウムと続きます。したがって、正解は②となります。

問6：③

ほとんどの気象現象は対流圏の中で生じています。したがって、正解は③となります。

問7：③

アの曲線は地上から上空に上がっていくにつれて左に移動していき、成層圏に入ると逆に右に移動しています。さらに、中間圏に入ると左に移動しています。このように高さとともに変化するのは大気の温度です。したがって、正解は③となります。

問8：④

　気圧はその地点にのしかかっている大気の重さとなります。成層圏と中間圏の境界での気圧が1 hPaで地表での平均気圧は1013 hPaということは、成層圏と中間圏の境界より上空にある大気の重さが1で、地面から上空までの大気の重さが1013ということになります。

　中間圏以上の大気の重さが1で、対流圏と成層圏と中間圏以上の大気の重さが1013ですから、対流圏と成層圏にある大気の重さは、1013 − 1 = 1012となり。その割合は（1012 / 1013）× 100 ≒ 99.90となります。よって、大気のほとんどが対流圏と成層圏にあるということになります。したがって正解は④となります。

2. 地球の熱収支

昼、太陽の光を浴びると暖かく、ときに暑く感じるものです。太陽は地球に光と熱を届けてくれる、いわば母なる星ですが、では、地球はいったいどれだけのエネルギーを太陽から受け取っているのでしょうか。そしてどれだけ吸収し、またはね返しているのでしょうか。このような熱のやり取りを熱収支といいます。地球は太陽からほどよい距離にあり、受け取るエネルギー量も適当であるがゆえに生命が育まれました。そんな地球の熱バランスをしっかりと押さえましょう。

Hop ｜重要事項

太陽放射と太陽定数

太陽が放出している放射エネルギーを**太陽放射**といいます。太陽は電波、赤外線、可視光線、紫外線、X 線と多岐にわたる電磁波を放射していますが、最も強く放射しているのは可視光線です。逆に太陽が強く放射しているからこそ、多くの生命の目は可視光線を見ることができるように進化したといえます。一方、紫外線や赤外線を感知することができる生き物も数多くいます。

太陽放射は、太陽を球体と仮定すると全方向に放射されています。そのうち、地球が受け取るエネルギーを**太陽定数**といいます。そこで大切になってくるのが太陽から地球までの距離です。日常生活でも経験するように、光の明るさは遠ざかれば遠ざかるほど暗く見える、つまり受け取るエネルギーが減るからです。太陽～地球間の平均距離は**1 天文単位**という単位で表され、約 1 億 5000 万 km です。太陽定数は、太陽から 1 天文単位の距離で太陽光に垂直な平面が受け取るエネルギーと定義されています。その値は $1.4 \times 10^3 \, \mathrm{J/m^2}$・秒 $= 1.4 \, \mathrm{kW/m^2}$ です。

参考

かつては太陽～地球間の平均距離に由来していた 1 天文単位という長さの単位だが、現在は「国際単位系（SI）の単位と併用される非 SI 単位」と定められ、149597870700 m と数値が定義されている。

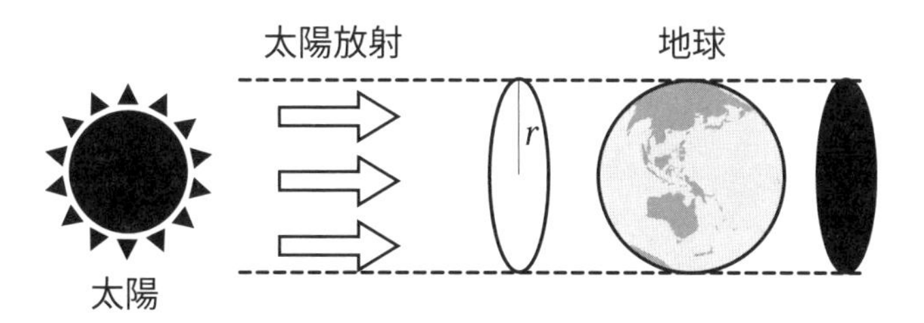

地球全体の熱収支

まずは地球が受けるエネルギーがどうなっていくかを見ていきましょう。その内訳は概ね、以下のようになっています。

①大気や雲に吸収される　20%　➡B
②大気や雲によって散乱・反射される　23%　➡宇宙へ
③地表に吸収される　49%　➡A
④地表によって反射される　8%　➡宇宙へ
計 100%

地表に吸収されたエネルギー（地球が受けたエネルギーの 49%＝A）は、赤外線として再放射されます（赤外放射）。その内訳は以下の通りです。

⑤地表から宇宙へ放射される　12%　➡宇宙へ
⑥地表から大気へ放射される　7%　➡B
⑦潜熱（せんねつ）輸送（地表の水分の気化熱）　23%　➡B
⑧顕熱（けんねつ）輸送（地表から大気への伝導）　7%　➡B

大気に放射された、大気が吸収したエネルギー、すなわち上記の B は、再び大気から宇宙へ再放射されます。これも赤外放射です。計算をすると、① 20%＋⑥ 7%＋⑦ 23%＋⑧ 7%＝57% となります。よって、宇宙へ再放射されるエネルギーは② 23%＋④ 8%＋⑤ 12%＋57%＝100% となり、地球の熱収支が釣り合っていることがわかります。

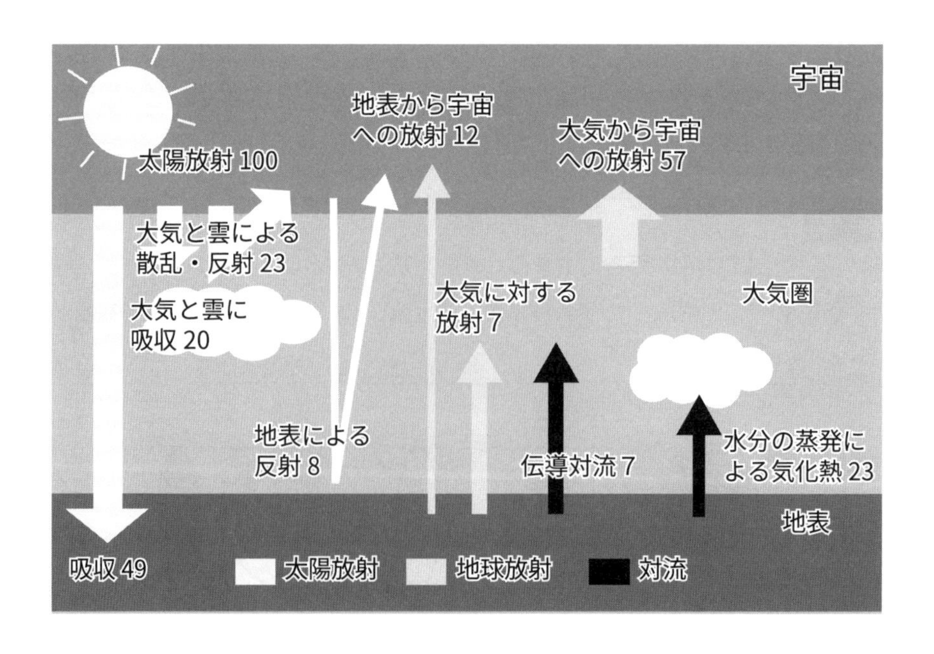

参 考

地球の熱収支が成り立っていれば、太陽が明るくなるなどしない限り、地球の平均気温も一定に保たれるはずである。では、近年話題の地球温暖化はなぜ起きているのだろうか？その原因となっているのが温室効果ガスである。温室効果ガスは赤外線、すなわち地球からの放射を吸収する性質がある。

温室効果ガスのひとつが二酸化炭素だが、これは生物の呼吸により排出される。一方、植物が光合成をおこなうために消費しているため、通常であれば、地球全体として大気中の二酸化炭素濃度はおおむね一定に保たれる（火山噴火など突発的な現象で一時的に量が増えることはあるがいずれ元に戻る）。ところが 19 世紀の産業革命以降、人間が排出する二酸化炭素の量が増加しつつある。その結果、平衡状態が破れ、地球規模で大気中の二酸化炭素濃度が上昇しているのである。

大気中の二酸化炭素濃度が増えると、宇宙へ放出するはずの赤外線を二酸化炭素が吸収し、一部を地表に向かって再放出する。その結果、気温が上昇する。これが温室効果である。

地球全体の熱輸送

地球は球体をしています。そのため、緯度によって地表が太陽光を受ける角度が変わります。一方、地表からの熱放射の割合は緯度によって大きな差を生じません。その結果、赤道付近は受け取る熱の量が放射する熱の量を上回るため熱が余っている状態となり、一方、極域は放射する熱の量が受け取る熱の量を上回るため熱が不足した状態となります。その境界は、おおむね緯度約 37 度付近です。

低緯度地域と高緯度地域の熱の不均衡を解消するため、大気や海水の循環によって赤道から極域に向けて熱が運ばれます。これが大気の大循環や海流を引き起こしているのです。

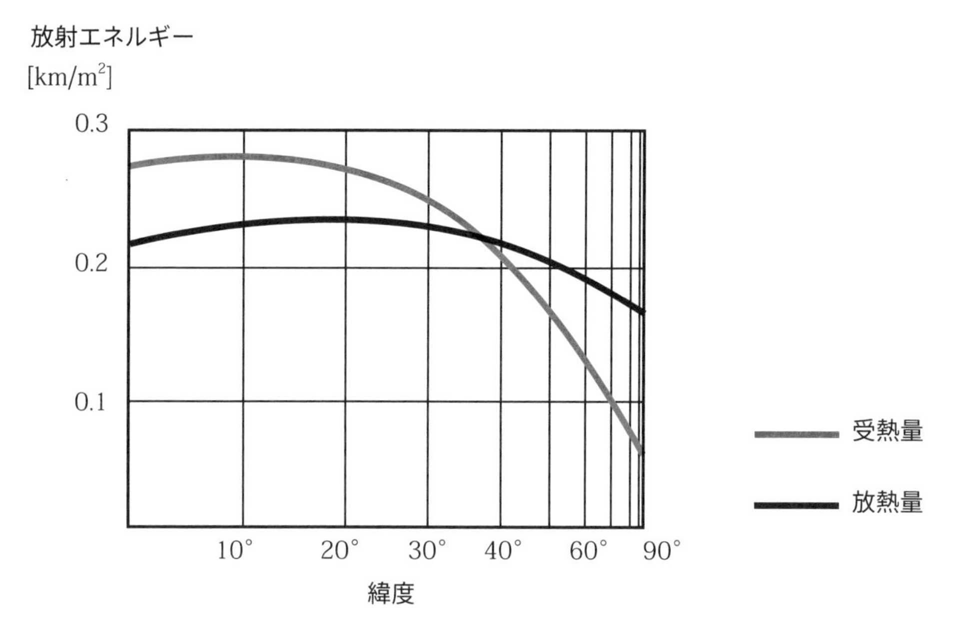

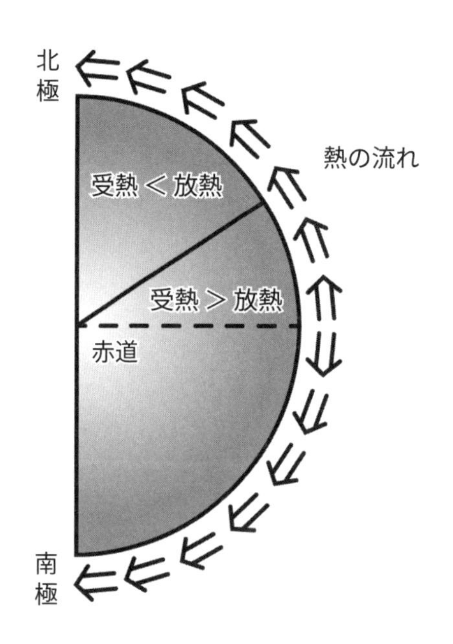

Step｜基礎問題

（　　）問中（　　）問正解

■ 各問の空欄に当てはまる語句をそれぞれ①～③のうちから一つずつ選びなさい。

問1　1天文単位は、おおむね（　　　　）である。
① 地球の直径　② 地球から太陽までの平均距離
③ 光が一年間に進む距離

問2　太陽が最も強く放射している電磁波は（　　　　）である。
① 紫外線　② 可視光線　③ 赤外線

問3　太陽から1天文単位の距離で、太陽光に垂直な平面が受け取るエネルギーを（　　　　）という。
① 太陽放射　② 地球定数　③ 太陽定数

問4　1天文単位は約（　　　　）km である。
① 1500万　② 1億5000万　③ 15億

問5　地球が受け取る太陽エネルギーのうち地表に吸収される割合は（　　　　）である。
① 約10%　② 約30%　③ 約50%

問6　地球が受け取る太陽エネルギーのうち大気や雲によって散乱・反射される割合は（　　　　）である。
① 約13%　② 約23%　③ 約33%

問7　地表に吸収されたエネルギーは（　　　　）として再放射される。
① 紫外線　② 可視光線　③ 赤外線

問8　地表の水分の気化熱による熱輸送を（　　　　）という。
① 顕熱輸送　② 潜熱輸送　③ 蒸発輸送

問9　次のうち、特に温室効果の原因となっている気体は（　　　　）である。
① 二酸化炭素　② 二酸化硫黄　③ 二酸化窒素

問10　赤道付近の熱収支の状態は（　　　　）となる。
① 受熱量＜放熱量　② 受熱量＝放熱量　③ 受熱量＞放熱量

解答

問1：②　問2：②　問3：③　問4：②　問5：③　問6：②　問7：③　問8：②
問9：①　問10：③

Jump｜レベルアップ問題

（　）問中（　）問正解

■ 次の問いを読み、問１～問７に答えよ。

問１　太陽定数の値として適切なものを、次の①～③のうちから一つ選べ。

① 0.4 kW/m^2　② 1.4 kW/m^2　③ 2.4 kW/m^2

問２　地球が受け取る太陽エネルギーのうち大気中に吸収される割合として適切なものを、次の①～③のうちから一つ選べ。

① 約10%　② 約20%　③ 約30%

問３　地球が受け取る太陽エネルギーのうち、割合が最も大きいものとして適切なものを、次の①～③のうちから一つ選べ。

① 大気や雲に吸収される

② 大気や雲によって散乱・反射される

③ 地表に吸収される

問４　低緯度地域と高緯度地域の熱の不均衡の解消は、大気のほかに何の循環によって行われているか。適切なものを、次の①～③のうちから一つ選べ。

① プレート　② 海水　③ マントル

問５　熱量の緯度分布の平均を調べたとき、低緯度では熱が余り、高緯度では熱が不足する境界となる緯度として適切なものを、次の①～③のうちから一つ選べ。

① 17度　② 27度　③ 37度

問６　地球表層の自然や生物の営みの多くは、太陽放射エネルギーに依存しているが、太陽放射エネルギーが主な原因の一つとなっている自然現象や生物の営みとして**誤っているもの**を、次の①～④のうちから一つ選べ。

① 気象の変化
② 地球上での水の循環
③ 火山噴火
④ 光合成

問７　地球上での熱輸送のしくみとして**適切でないもの**を、次の①～④のうちから一つ選べ。

① 海水の表層では高緯度に向かう暖流と、低緯度に向かう寒流が存在する。
② 地球が自転することにより、太陽光の当たる昼と影になる夜が存在する。
③ 海水が蒸発して水蒸気となり、大気中で凝結して雲をつくる。
④ 低緯度側の暖気と高緯度側の寒気との間に、温帯低気圧が発生する。

解答・解説

問 1：②

太陽定数は、太陽から 1 天文単位の距離で太陽光に垂直な平面が単位面積あたりに受け取るエネルギーと定義されています。その値は 1.4 kW/ ㎡です。したがって、正解は②となります。

問 2：②

大気と雲に吸収される割合は約20%となっています。したがって、正解は②となります。

問 3：③

地球が受け取る太陽エネルギーのうち、大気や雲に吸収されるのは 20%、大気や雲によって散乱・反射されるのは 23%、地表に吸収されるのは 49%、地表によって反射されるのは 8% です。したがって、正解は③となります。

問 4：②

低緯度地域と高緯度地域の熱の不均衡の解消は、海水の循環によって行われています。したがって、正解は②となります。

問 5：③

太陽放射による地球の受熱量は低緯度では多いですが緯度が高くなると少なくなっていきます。それに対して地球放射による放熱量は緯度ごとの差があまり大きくありません。このことにより、低緯度地域では受熱量が放熱量より多くなって熱があまり、高緯度地域では放熱量の方が受熱量より多くなって熱が足りなくなります。その境界となるのは、おおよそ緯度 37°であり、この差を大気や水の循環によって補っています。したがって、正解は③となります。

問６：③

　太陽放射のエネルギーによって大気が暖められることで、大気の循環が生まれたり水が蒸発して雲が生じたりすることで、気象が変化します。よって①は正しい記述です。地球上での水の循環も、太陽放射のエネルギーで水が蒸発することで始まります。よって②も正しい記述です。光合成は植物が太陽放射のエネルギーを利用して水と二酸化炭素から酸素と有機物を作り出す反応です。よって④も正しい記述です。したがって、正解は③となります。火山噴火はプルームの循環やプレートの運動など地球内部に起因する現象です。

問７：②

　地球が自転して昼と夜が存在しても、それは同じ緯度において太陽が当たる時間と当たらない時間の差が生じるだけで、熱輸送には寄与しません。したがって、②が正解となります。①の海水表層の暖流と寒流のはたらきは南北間の熱輸送を担っており、③の雲の生成は凝結熱などによる熱輸送を行っています。また④の温帯低気圧も南北間の熱輸送を担っています。

3. 大気の大循環

前項でも述べたように、球体である地球は緯度によって太陽光の当たり方が異なります。地球全体では熱収支が釣り合っていますが、緯度によっては受け取る熱量の方が多かったり、放射する熱量の方が多かったりします。それを“ならす”ためのしくみのひとつが大気の大循環です。身近な日々の気象にも少なからず関係する大気の循環。なかなか複雑で覚えることもたくさんありますが、しっかりと整理しておきましょう。

Hop｜重要事項

低緯度の大気の動き

赤道付近は、いわゆる“日当たり”がいいため、大気が熱をたくさん受け取ることになります。すると、温められた大気は軽くなって上昇し、コリオリの力が加わって対流圏上部を高緯度に向かって吹く西風となります。緯度 30 度付近に達すると大気は冷やされ、下降気流となって降り、やはりコリオリの力が加わって地表付近を赤道に向かって吹く東風になります。この低緯度における大気の鉛直方向の循環をハドレー循環といいます。

ハドレー循環の結果、緯度 30 度付近から赤道付近では恒常的に東風が吹きます。この風を貿易風といいます。北半球では北東貿易風、南半球では南東貿易風となります。

コリオリの力とは、地球のように回転する球体の上を移動する物体に直角右向きにはたらいているように見える見かけの力です。

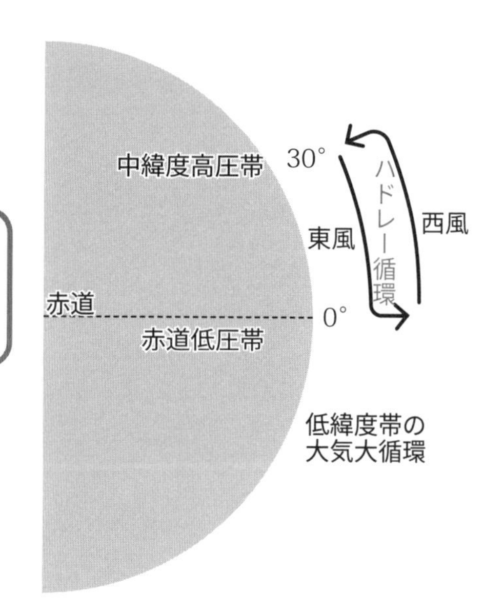

気圧帯と地表の風

貿易風が吹くことで、緯度30度付近の気圧は高く、赤道付近の気圧は低くなります。そのため、緯度30度付近を中緯度高圧帯、赤道付近を赤道低圧帯と呼びます。中緯度高圧帯からは、緯度60度付近に向かって西風が吹いています。これを偏西風といいます。緯度60度付近は低圧帯となっていて、亜寒帯低圧帯、または寒帯前線といいます。緯度60度付近には高圧帯（極高圧帯）となっている極域からも風が吹き込みます。これが極偏東風です。下の図を見て、緯度方向にどのような大気の動き（風）があるか、しっかりと把握しておきましょう。

《気圧帯と地表の風》

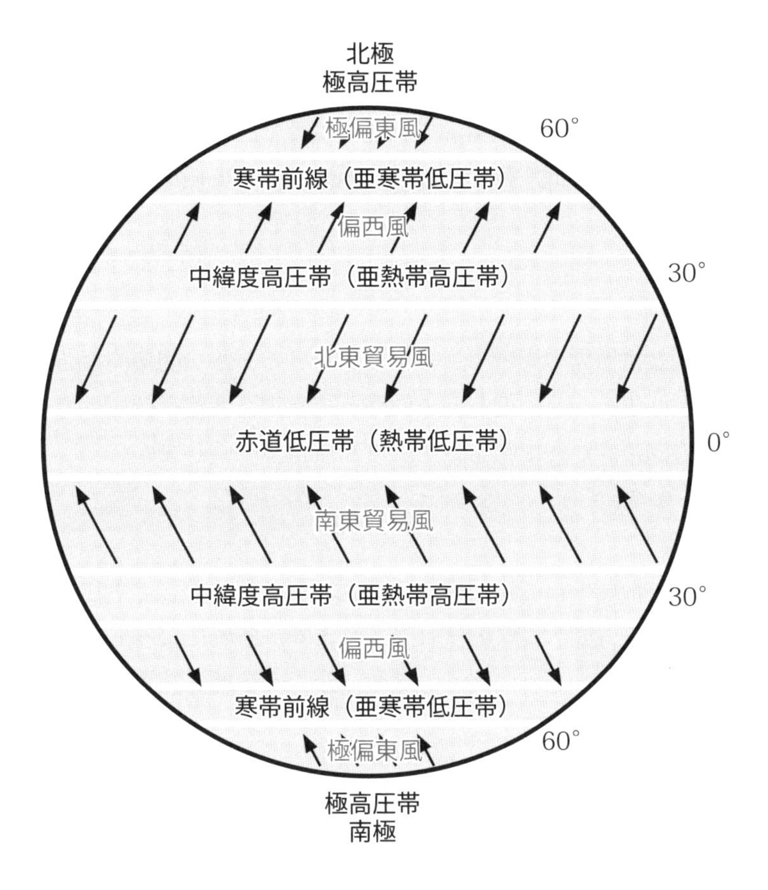

参考

風は通常、吹いてくる方向（方位）を冠して名前を付ける。北から吹いてくる風が北風である。北へ向かって吹く風が北風ではないため、間違えないように注意が必要である。

大気の大循環

前項で説明したのは緯度方向（南北方向）、つまり水平方向の、しかも地表付近の大気の動きです。一方、低緯度地帯ではハドレー循環という鉛直方向の循環があったように、中緯度地帯、高緯度地帯でも鉛直方向の循環があります。それは当然、水平方向の大気の動き、すなわち偏西風や極偏東風と一体となっていますし、さらに上空の大気の動きも加わります。また東西方向に卓越した大気の流れもあります。それぞれを立体的に把握するようにしましょう。

◉ ハドレー循環

前述の低緯度地帯での鉛直方向の循環です。

◉ 極循環

高緯度地帯での鉛直方向の循環です。地表付近では東風（極偏東風）が低緯度方向に向かって吹き、亜寒帯低圧帯で上昇し、西風となって極域に向かって吹き、極付近で下降します。

◉ フェレル循環

ハドレー循環と極循環の影響で生じる、逆向きの、かつ間接的な循環です。地表付近では西風（偏西風）が高緯度方向に向かって吹き、亜寒帯低圧帯で上昇し、東風となって低緯度方向に向かって吹き、中緯度高圧帯で下降します。

◉ ロスビー循環

南北の温度差と地球の自転に起因するコリオリの力によって生じる偏西風波動と呼ばれる蛇行した水平方向の大気の流れがあります。それによって生じる水平方向の循環がロスビー循環です。これによって低緯度から高緯度へ熱を渡しています。

◉ ジェット気流

偏西風の中でも特に強い上空の気流をジェット気流といいます。対流圏の上層、高度 10 ～ 12 km 付近を秒速 50 ～ 100 m で大気が運動しています。航空機の運航にも利用され､例えば日本からハワイへ行く航空機は復路(ハワイ→日本)よりも往路(日本→ハワイ）の方が、所要時間が短くなります。これはジェット気流が追い風となるか向かい風になるかの差です。

《 大気の大循環 》

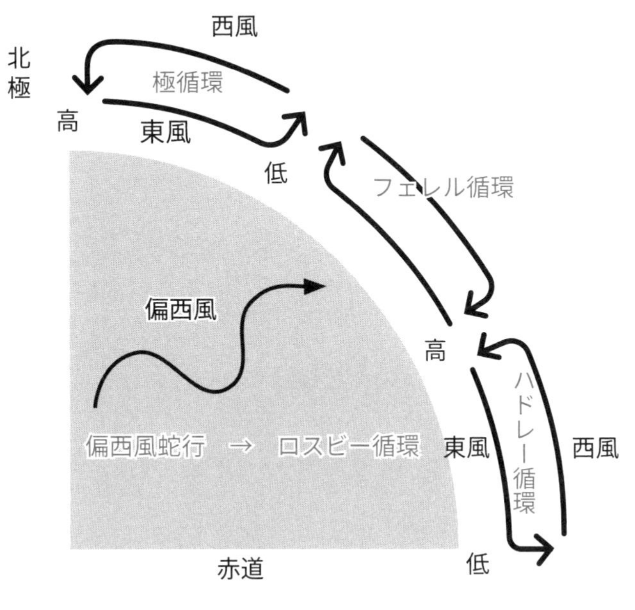

大気の大循環

Step｜基礎問題

(　　)問中(　　)問正解

■ 各問の空欄に当てはまる語句をそれぞれ①～③のうちから一つずつ選びなさい。

問1　低緯度における大気の鉛直方向の循環を（　　　　）循環という。
①ハドレー　②ロスビー　③極

問2　北半球の低緯度帯に吹く風は（　　　　）である。
①北西貿易風　②北東貿易風　③南北貿易風

問3　地球のように回転する物体の上を移動する物体にはたらく直角右向きの見かけの力を（　　　　）という。
①万有引力　②コリオリの力　③遠心力

問4　中緯度高圧帯から緯度60度付近に向かって吹く風を（　　　　）という。
①貿易風　②偏東風　③偏西風

問5　極地域から吹き出す風は（　　　　）である。
①極貿易風　②極偏西風　③極偏東風

問6　極付近から緯度60°付近に渡って存在する大気の循環は（　　　　）である。
①ロスビー循環　②フェレル循環　③極循環

問7　偏西風の中でも特に強い上空の気流を（　　　　）という。
①貿易風　②季節風　③ジェット気流

問8　偏西風が南北に蛇行することで、熱を低緯度から高緯度に輸送する水平循環を（　　　　）とよぶ。
①フェレル循環　②ロスビー循環　③ハドレー循環

解答

問1：①　問2：②　問3：②　問4：③　問5：③　問6：③　問7：③　問8：②

Jump │レベルアップ問題

（　）問中（　）問正解

■ 次の問いを読み、問１～問８に答えよ。

問１　次のうち循環の方向が異なるものを、①～③のうちから一つ選べ。
① ロスビー循環　② フェレル循環　③ 極循環

問２　南半球の低緯度帯に吹く風として適切なものを、次の①～③のうちから一つ選べ。
① 南西貿易風　② 南東貿易風　③ 北西貿易風

問３　緯度 30 度付近に形成されるものとして適切なものを、次の①～③のうちから一つ選べ。
① 熱帯低圧帯　② 亜熱帯高圧帯　③ 亜寒帯低圧帯

問４　貿易風や偏西風の水平方向の風向きを決めている力として適切なものを、次の①～③のうちから一つ選べ。
① 万有引力　② コリオリの力　③ 遠心力

問５　ジェット気流の風速として適切なものを、次の①～③のうちから一つ選べ。
① 秒速 5 ～ 10m　② 秒速 50 ～ 100m　③ 秒速 500 ～ 1000m

問６　図１は対流圏の大気循環を模式的に表したものである。大気は赤道付近で上昇して南北に分かれ、緯度 20 ～ 30 度付近で下降する。地球全体を循環しながら、低緯度から高緯度へ熱を運んでいる。赤道付近で大気が上昇する理由として最も適当なものを、次の①～④のうちから一つ選べ。

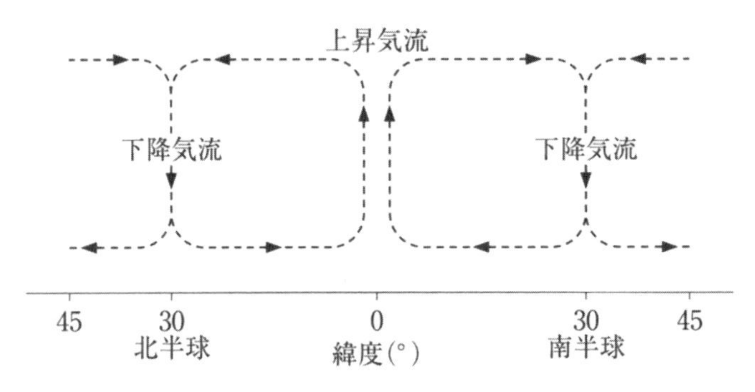

図１　対流圏内での大気の循環(模式図)

① 赤道付近の圏界面は気圧が低く、地表付近の大気が引かれるから。
② 地球の自転により、赤道付近の大気が膨らむから。
③ 赤道付近は強い太陽放射（日射）を受けて、暖められるから。
④ 赤道付近には大陸が少ないため、上昇気流が起こりやすいから。

問７　大気は緯度 20 ～ 30 度付近で下降することについて、この地域の特徴として最も適当なものを、次の①～④のうちから一つ選べ。

① 四季のはっきりした気候である。
② 高温多湿な熱帯多雨林が広がっている。
③ 年間を通して雨の少ない寒冷地が広がっている。
④ 乾燥地帯が多く、砂漠もみられる。

問８　大気の循環により、中緯度地域にある日本の上空では西寄りの風が吹いている。この風は偏西風と呼ばれており、その中で特に強い風はジェット気流と呼ばれている。旅客機はこのジェット気流を利用して飛行することがある。ジェット気流が吹いている高度として最も適当なものを、次の①～④のうちから一つ選べ。

① 1.2 km
② 12 km
③ 120 km
④ 1200 km

解答・解説

問1：①

ロスビー循環は水平方向の大気循環、フェレル循環と極循環は垂直方向の大気循環です。したがって、正解は①となります。なお、ハドレー循環も垂直方向の大気循環です。

問2：②

低緯度帯に吹く風は貿易風で、南半球での風向は南東のために、南半球の貿易風は南東貿易風と呼ばれます。したがって、正解は②となります。

問3：②

緯度30度付近はハドレー循環での大気が下りてくるところで高圧帯になります。これを亜熱帯（中緯度）高圧帯といいます。したがって、正解は②となります。

問4：②

コリオリの力とは、地球のように回転する球体の上を移動する物体に直角右向きにはたらいているように見える見かけの力です。貿易風が東に向かって吹くのも偏西風が西に向かって吹くのも、すべて大気にコリオリの力がはたらいているからです。したがって、正解は②となります。

問5：②

ジェット気流は偏西風帯の上空を秒速50～100 mで進む高速な気流です。したがって、正解は②となります。

問6：③

赤道付近は年間を通じて日射量に恵まれ空気塊が暖められやすく、その結果として上昇気流が発生し続けています。したがって③が正解となります。

問7：④

赤道付近で上昇した空気塊は上空で冷やされ雲をつくり、低緯度地域に雨を降らせ、乾いた空気となって緯度30度付近で下降します。したがって④が正解となります。①の四季がはっきりとした気候がみられるのは中緯度（北緯30～40度）付近、②の高温多湿な熱帯雨林が広がるのは赤道付近、③の年間を通して雨の少ない寒冷地が広がっているのは高緯度付近となります。

問8：②

ジェット気流は対流圏の上層を流れる強い偏西風のことをいいます。したがって②が正解となります。①の高度1.2 kmは富士山の標高よりも低く、高度10～17 kmである対流圏の上層とはとても言えません。また旅客機が安定して飛ぶ高度でもありません。③の高度120 kmは熱圏、④の高度1200 kmは外気圏に相当し、定義上、宇宙と呼べる高度になります。

4. 海水の運動

大気の大循環（風）と相まって海水も動いています。海水の大規模な動きのことを海流といいますが、日本付近の４つの海流は小学校の社会科でも習ったと思います。海流は気象をはじめとする地球環境に影響を及ぼすほか、漁業など私たちの生活にも密接に関連しています。また海水の動きといえば、身近なのは潮の満ち引き（干満）でしょう。地球は水の惑星とも呼ばれます。その水の大部分を占めているのが海水。その動きを理解することはとても重要です。

Hop ｜重要事項

地球上の水

地球が持つ、太陽系の他の惑星にはない大きな特徴の一つが、表面に水を湛えていることです。地球の表面積のうち、水が占める割合は約 70% にも及びます。しかし、その大部分は海水で、水全体の 97.5% を占めます。淡水はわずか 2.5% にすぎません。しかも、その 2.5% の大半は極域にある氷です。淡水はわずか 0.8% でしかありません。さらに、その大部分は地下水というのですから驚きです。河川や湖沼の水は、水全体のたった 0.01% なのです。

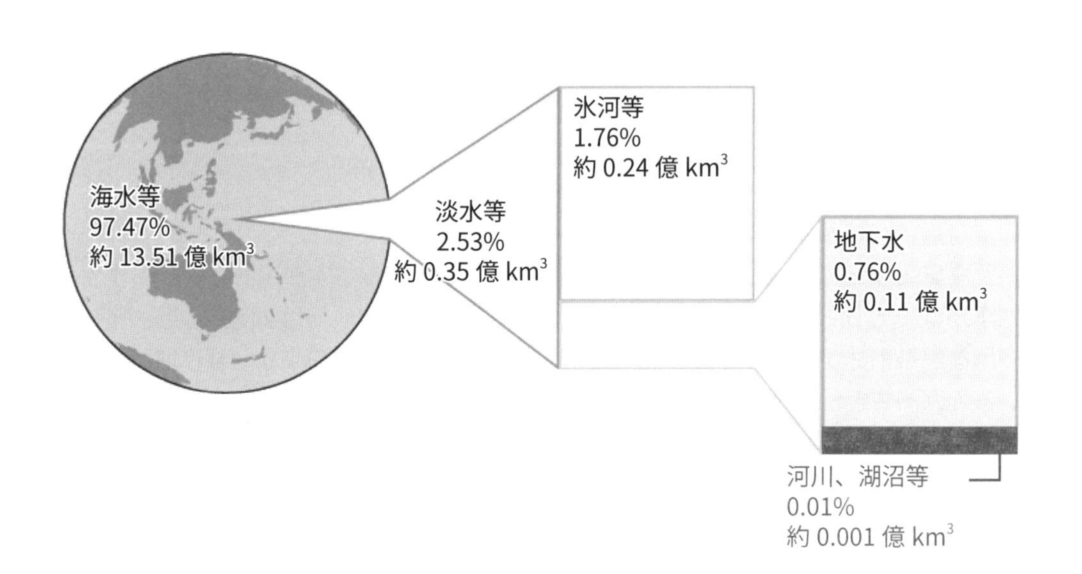

海流

大気の大循環により、吹送流（すいそうりゅう）と呼ばれる海面付近に吹く風に起因する海流が発生します。また海面の傾斜によって生じる傾斜流と地球の自転に起因するコリオリの力が合わさって、地衡流（ちこうりゅう）が生じます。その結果、太平洋では還流と呼ばれる時計回りの大規模な海流が生じます。北半球太平洋における還流は、北赤道海流、黒潮、北太平洋海流、カリフォルニア海流がつながったものです。還流のうち、西側の海流はコリオリの力の影響を受けて著しく強くなります（還流の中心も西に寄ります）。これを西岸強化といいます。北太平洋還流の場合は日本付近を流れる黒潮が相当します。

また、海流には、低緯度から高緯度へ向かって流れる暖流と、高緯度から低緯度へ向かって流れる寒流があります。日本付近を流れる顕著な寒流のひとつが、高緯度帯（極域）から日本近海の太平洋側に流れてくる親潮（千島海流）です。日本近海は親潮と暖流である黒潮がぶつかりプランクトンが豊富な混合域をつくっているため、豊かな漁場として知られています。

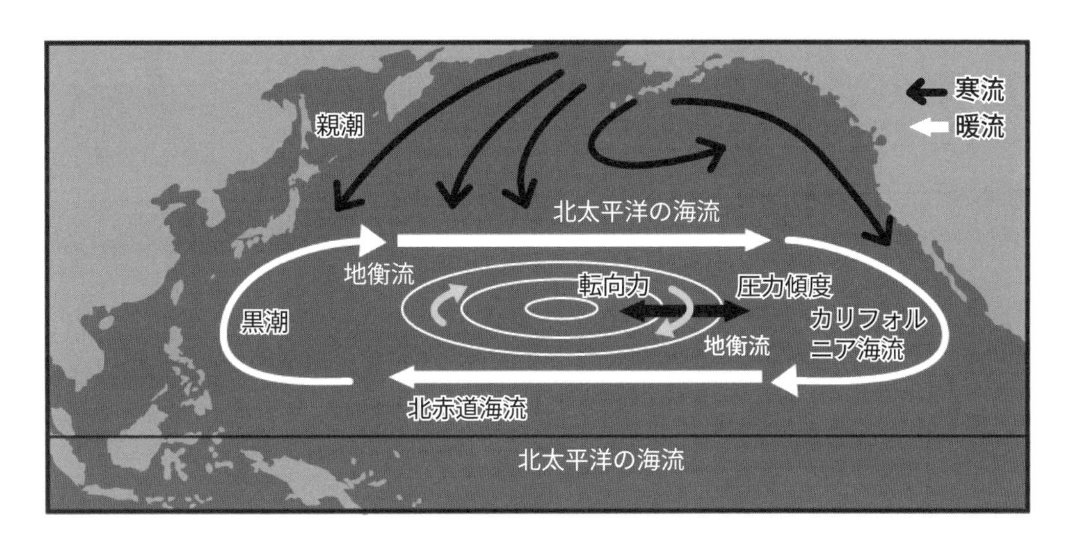

北太平洋の海流

また深海にも海流は生じていますし、鉛直方向の海流もあります。深海から海面付近へ湧き上がる上昇流は太平洋北部（アリューシャン列島沖）とインド洋北部、海面付近から深海への沈み込む下降流は大西洋北部（グリーンランド沖）で生じています。

潮流と潮汐

海水が月や太陽の引力を受けることで海面が上昇下降を繰り返す現象を潮汐といいます。いわゆる潮の満ち引きのことで、釣りをしている人は特に気にしていることでしょう。新聞にも毎日の満潮干潮の時刻が掲載されていることが多いです。潮汐は 24 時間 50 分の周期で満潮と干潮を 2 回ずつ繰り返し、もっとも海面が高くなった状態を満潮、もっとも海面が低くなった状態を干潮といいます。なお、潮汐を引き起こす力のことを起潮力といいます。

満月と新月のときは太陽の引力と月の引力が合算されるために潮の干満差が大きくなり、満潮時の水位が通常より高くなります。これが大潮です。一方、上弦と下弦のときは太陽の引力と月の引力が打ち消し合うために潮の干満差は小さくなり、満潮時の水位が通常より低くなります。これが小潮です。

潮汐によって引き起こされる海水の流れのことを潮流といいます。徳島県と兵庫県の淡路島の間に位置する鳴門海峡は、非常に潮流が速いことで知られています。「鳴門の渦潮」が有名ですが、これも潮流が速いゆえに起きる現象です。

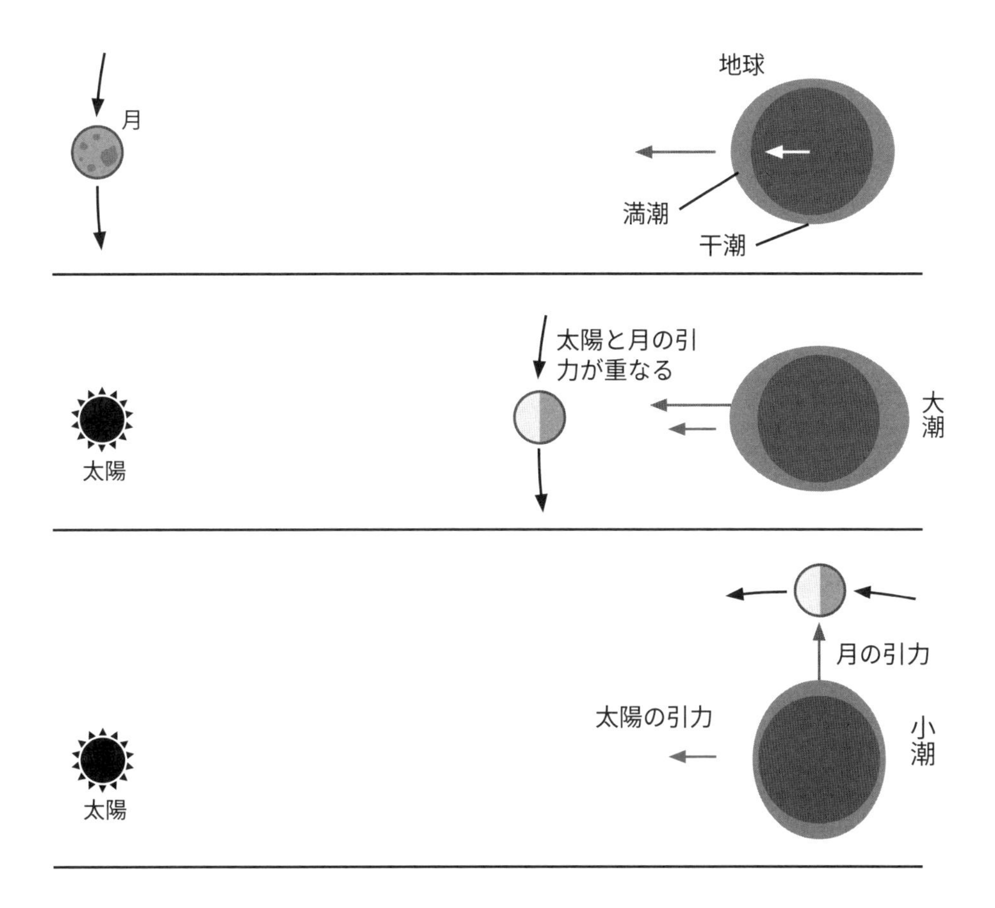

様々な波

海といえば波を思い浮かべる人も多いと思います。一口に波といっても様々な種類があります。

◉ 表面波

海面近くの海水により伝わる波です。海面の上を吹く風により起こる波を風浪といい、波長が短く先端のとがった波形になります。風浪が、風が吹いていない領域にまで伝わったものがうねりで、波長が長く丸みを帯びた波形の穏やかな波になります。

◉ 長波

海面から海底まで、海水全体で伝わる波です。水深が波長の半分以下になる海岸付近で表面波が不安定になって発生するのがいそ波、海底火山の噴火や地震によって海底が変動することで生じるのが津波です。津波は地球規模で伝わることもあり、例えば1960年に南アメリカ大陸のチリ沖で発生したチリ地震に伴う津波は、日本の三陸海岸（岩手県・宮城県）にまで届き、波高は2～8mにも達しました。

《表面波》

風浪
波長　数m～数十m
波高　2～5m

うねり
波長　100～400m
波高　1～5m

《 長波 》

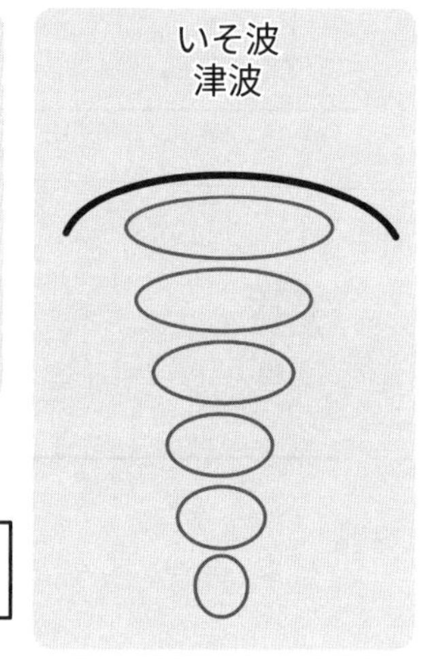

海水の動き

熱を貯める海と海陸風

水は比熱（単位質量の物質の温度を単位温度だけ上げるのに必要な熱量）が大きな物質です。つまり温まりにくく冷めにくいので、海水は熱の貯蔵庫ともいえます。その熱は、海水が蒸発して水蒸気となるときに気化熱として大気中に放出されます。台風は蒸発が盛んな暖かい海で発生する気化熱をエネルギー源として発達します。

このことは、風にも影響を与えます。海に比べ陸は温まりやすく冷えやすいので、昼は冷たい海から温かい陸へと風が吹きます（海風）。夕方には凪と呼ばれる風が弱まる時間帯があり、その後、夜になると冷たい陸から温かい海へと風が吹きます（陸風）。明け方にも凪の時間帯があります。このような風を海陸風といいます。

《 海陸風の仕組み 》

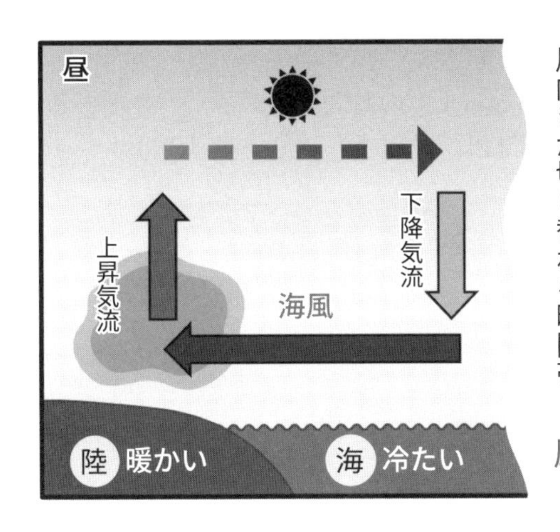

風向きが切り替わる時間帯＝凪

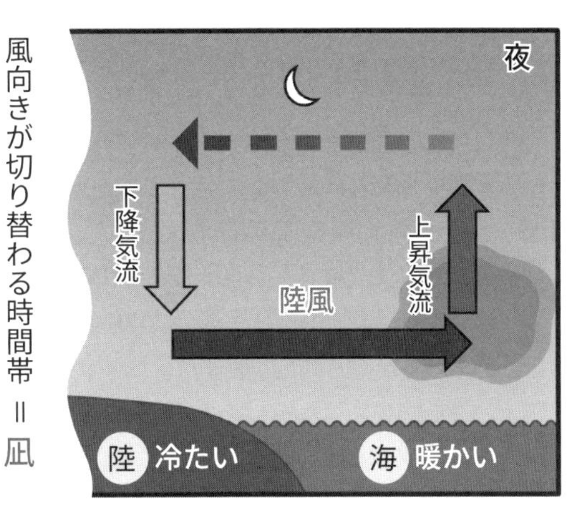

Step │基礎問題

（　）問中（　）問正解

■ 各問の空欄に当てはまる語句をそれぞれ①～③のうちから一つずつ選びなさい。

問1　地球の表面積のうち約（　　　）割を液体の水が覆っている。
① 5　② 7　③ 9

問2　次のうち北太平洋の還流ではないものは（　　　）である。
① カリフォルニア海流　② 黒潮　③ 親潮

問3　地球に存在する淡水のうち、大部分は（　　　）である。
① 極域にある氷　② 地下水　③ 河川や湖沼の水

問4　次のうち、寒流は（　　　）である。
① 黒潮　② 親潮　③ 北赤道海流

問5　現在が「満潮」のとき、次に「干潮」になるまでの時間は（　　　）である。
① 約24時間50分　② 約12時間25分　③ 約6時間13分

問6　「大潮」が起こる状況は（　　　）である。
① 太陽と月と地球が一直線上に並ぶとき　② 偏西風が蛇行したとき
③ 大陸からの季節風が吹くとき

問7　風が吹いている場所でおこる波は（　　　）である。
① 風浪　② 津波　③ いそ波

問8　次のうち長波は（　　　）である。
① 風浪　② いそ波　③ うねり

問9　「うねり」の波長は（　　　）である。
① 1～4 m　② 10～40 m　③ 100～400 m

問10　海は「熱の貯蔵庫」としての役割がある。その理由は（　　　）である。
① 海水の比熱が大きいため　② 多くの海生植物が生息しているため
③ 周期的な潮汐が発生するため

解答

問1：②　問2：③　問3：①　問4：②　問5：③　問6：①　問7：①　問8：②
問9：③　問10：①

Jump｜レベルアップ問題

（　）問中（　）問正解

■ 次の問いを読み、問１～問６に答えよ。

問１　還流のうち、西側の海流がコリオリの力の影響を受けて著しく強くなる現象として適切なものを、次の①～③のうちから一つ選べ。

① 西岸強化　② 西流強化　③ 西岸強流

問２　鉛直方向の海流のうち、深海へ沈み込む下降流が生じている場所として適切なものを、次の①～③のうちから一つ選べ。

① アリューシャン列島沖　② グリーンランド沖　③ インド洋北部

問３　「潮汐」にもっとも影響を与えているものとして適切なものを、次の①～③のうちから一つ選べ。

① 太陽　② 月　③ 星

問４　海風が吹く時間について適切なものを、次の①～③のうちから一つ選べ。

① 昼　② 夕方と明け方　③ 夜

問５　地球上に存在する水のうち海水の割合として適切なものを、次の①～③のうちから一つ選べ。

① 約97%　② 約88%　③ 約65%

問６　海洋には、深層循環（上下方向の循環）と呼ばれる、表層から深層への海水の大循環がある。この深層循環（上下方向の循環）が形成される原因として最も適当なものを、次の①～④のうちから一つ選べ。

① 活発な蒸発によって、海水の密度が減少するため。
② 海水の一部が凍ることで、残った海水の密度が増加するため。
③ 風によって海水がかき混ぜられるため。
④ 太陽放射によって海水が暖められるため。

解答・解説

問１：①

還流のうち、西側の海流がコリオリの力の影響を受けて著しく強くなる現象が西岸強化です。海流が強くなるだけでなく、還流の中心も西に寄ります。北太平洋還流の場合は日本付近を流れる黒潮が相当します。したがって、正解は①となります。

問２：②

海面付近から深海へ沈み込む下降流はグリーンランド沖で生じています。したがって、正解は②となります。なお、①のアリューシャン列島沖と③のインド洋北部は、深海から海面付近へ湧き上がる上昇流が発生している場所です。

問３：②

潮汐に影響を与えるのは月と太陽です。そのうち地球に近い月の影響が最も強く反映されます。したがって、正解は②となります。

問４：①

水は比熱が大きな物質で、そのことが原因で海岸では海陸風と呼ばれる風が吹きます。海に比べ陸は温まりやすく冷えやすいので、昼は冷たい海から温かい陸へと風が吹きます。これが海風です。したがって、正解は①となります。なお、夜は反対に陸から海へと風が吹き（陸風）、夕方と明け方は風が弱まる凪という時間帯です。

問５：①

地球上に存在する水のうち海水が占める割合は、97.5％です。残りの 2.5％が陸上の水で、河川・湖沼・地下水・氷河などがありますが、そのうち一番多いのは氷河です。したがって、正解は①となります。

問６：②

海洋の深層循環は、海水の水温と塩分による密度差によって生じています。北大西洋グリーンランド沖で海水が冷やされ一部が凍結、残った海水の密度が増加し沈み込みます。その後、ゆっくりと上昇して表層に戻るのです。したがって②が正解となります。

第4章
地球の環境

1. 地球環境の科学

現在、地球規模で様々な環境問題が生じています。皆さんもニュースなどでそのような問題に触れる機会もあるでしょう。その多くは人間の活動に起因しています。これらの問題は、短期的長期的を問わず、人間のみならず地球上の生物の生活に大きな影響を及ぼします。ここでは、地球温暖化とオゾン層の破壊、そしてエルニーニョ現象について取り上げます。何が原因で、どのような影響が及んでいるか、しっかりと把握しておきましょう。

地球温暖化

過去 150 年間、長期的に見ると世界の平均気温は徐々に上昇しています。これを地球温暖化といいます。特に近年は上昇の割合が大きく、地球温暖化が急速に進行しています。

参　考

一時的には、大気中のエアロゾルの増加に伴って地球の平均気温が低下することもある。エアロゾルとは大気中に含まれる固体や液体の微粒子のことで、大きさは 0.1 ～ 0.001 μm だ。エアロゾルは火山噴火や人間の活動（工場の煙に含まれるばい煙など）で放出され、特に大規模な火山噴火が起きると噴煙が成層圏にまで達し、大気の大規模循環に乗って地球全域に広がる。1991 年に発生したフィリピンのピナトゥボ火山の噴火は 20 世紀最大の火山噴火といわれ、大量のエアロゾルが大気中に放出され地球全域に広がった結果、地球の平均気温が 0.5 度ほど低下した。1993 年にはその影響で日本が記録的な冷夏に見舞われ、深刻なコメ不作が発生した。

地球温暖化は、温室効果によって引き起こされる。温室効果とは、大気中の温室効果ガスが地球放射（赤外線）を吸収、地表に向けて再放射することで地球の平均気温が上昇することをいう。温室効果は、地球が生命を育むうえで非常に重要で、もし温室効果がまったくなかった（大気中に温室効果ガスがまったく含まれなかった）とすると、地球の平均気温は -18 ℃となってしまう。適度な温室効果がはたらくことによって、現在の地球は平均気温 15℃という快適な環境に保たれている。しかし、人間の活動、特に産業革命以降の化石燃料の燃焼による二酸化炭素の排出によって大気中の温室効果ガスが急増し、地球温暖化が進んでいると考えられている。なお、温室効果ガスと聞くと二酸化炭素を真っ先に思い浮かべるかもしれないが、水蒸気やメタン、一酸化二窒素、フロンなども温室効果ガスとしてはたらく。

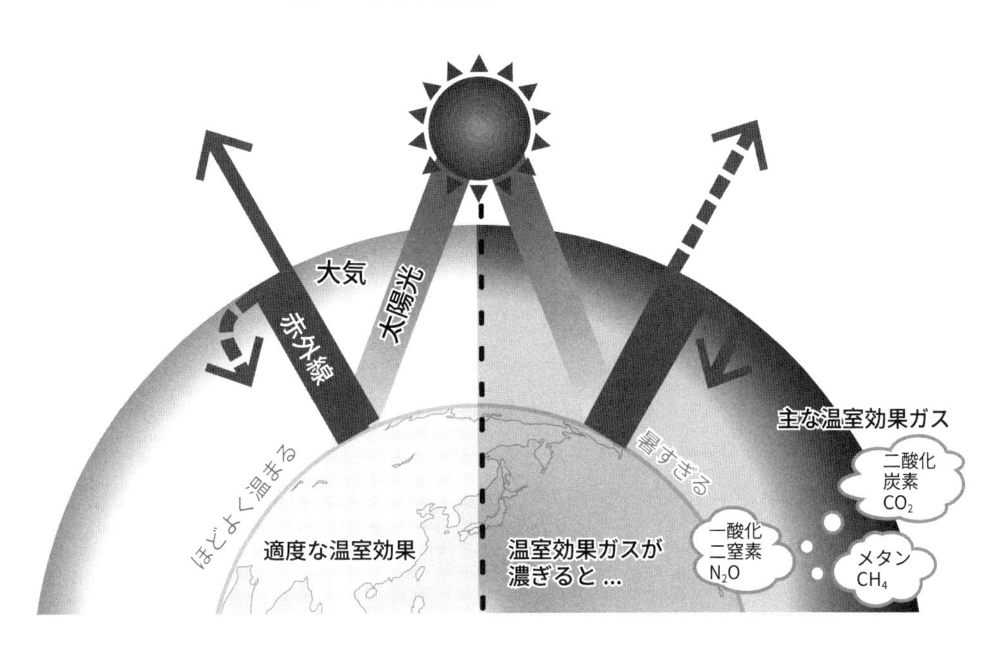

図1：地球温暖化のメカニズム

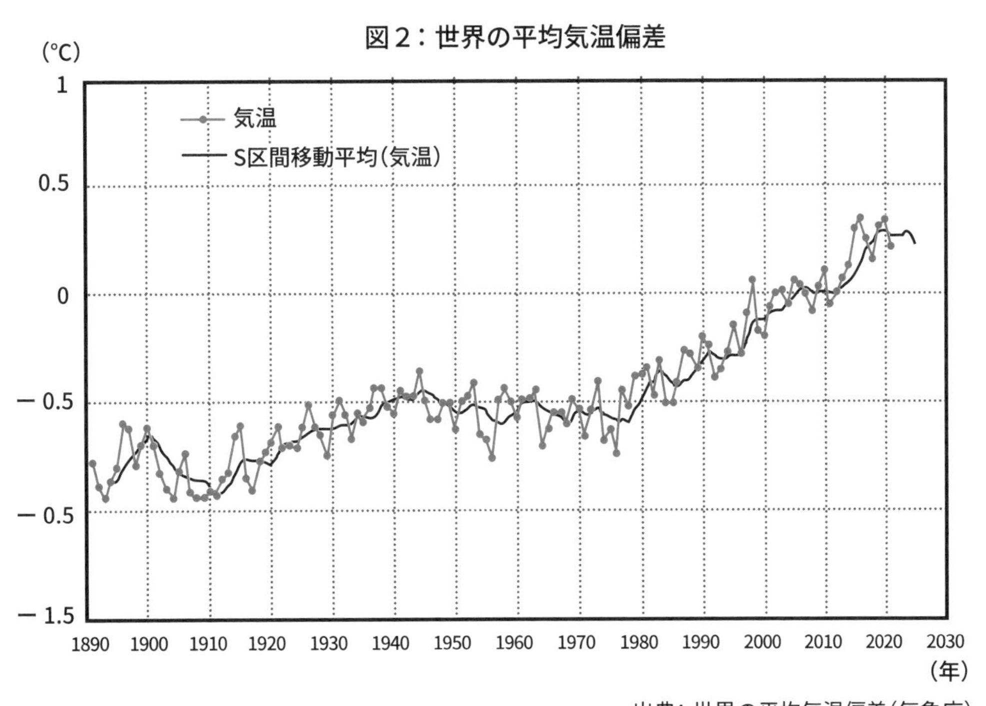

図2：世界の平均気温偏差

出典：世界の平均気温偏差（気象庁）

地球温暖化は、地球環境に様々な影響を及ぼします。

アルベドの減少

アルベドとは入射した光のうち反射する光の割合のことをいいます。地表の状態によってアルベドは異なり、森林や草地は 10 ～ 25% ですが、氷や雪に覆われた極地などは 80% もあります。地球が温暖化し氷や雪に覆われた地域が減少すると、地球全体としてアルベドが下がり、地表がより多くの太陽放射を吸収するようになります。その結果、さらに温暖化が進行するという悪循環が起こるのです。

海面の上昇

地球温暖化が進むと、海洋が熱を吸収して海水温が上昇し、海水が膨張して海面が上昇します。また山岳や南極大陸の氷河が溶けることでも海面は上昇します。実際、過去 100 年間で平均海面は約 15cm も上昇しており、低地しかない太平洋の島々などは水没する危険が生じています。

極端な気象現象の増加

近年、数十年に一度といわれる規模の大雨が頻繁に起きています。特に地球温暖化が進んで海水温が上昇すると、台風やハリケーンなどの熱帯性低気圧の勢力が強まりやすくなります。2005 年にはアメリカ東部を巨大ハリケーン「カトリーナ」が襲い、2000 人を超える死者・行方不明者を出す甚大な被害が発生しています。日本でも 2019 年には台風 19 号によって 100 人以上の死者が出ています。

またヨーロッパなどでは熱波もしばしば発生しています。2023 年は地球規模で "史上もっとも暑い年" となりました。その影響で大規模な洪水が発生する地域がある一方、まったく雨が降らず旱魃（かんばつ）が起きている地域もあります。

オゾン層の破壊

成層圏にあるオゾン層は、太陽からの有害な紫外線を吸収することで、生物が生存しやすい地表環境をつくっています。ところが、1970 年代に人工衛星の観測によって毎年 10 月ころに大気中のオゾン濃度が低い領域が生じることが明らかになりました。また南極上空にもオゾン濃度が少ない領域が定常的に発生することもわかり、オゾンホールと呼ばれています。

オゾン減少の原因は、冷蔵庫やエアコンの冷媒に使われていたフロンガスでした。現在は、「オゾン層保護のためのウィーン条約」に基づいて策定された「オゾン層を破壊する物質に関するモントリオール議定書」（いわゆるモントリオール議定書）によってフロンの製造や消費、貿易が規制されているため、オゾン層破壊問題は徐々に改善しつつあります。

参考

フロンとは、炭素と水素に加え、フッ素、塩素、臭素といったハロゲン（17 族元素）を多く含む化合物の総称である。

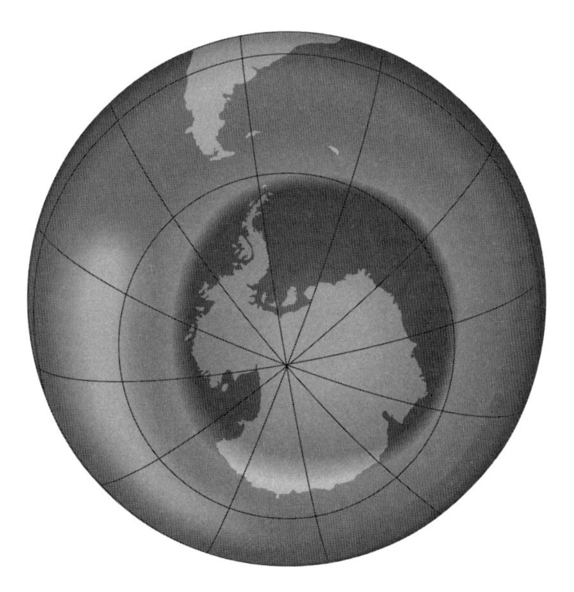

2006年 10月に南極大陸上空に出現したオゾンホール

エルニーニョ現象

南アメリカ大陸のペルー沖の海域では、貿易風の影響で中緯度地方の海水が流れ込み、海面の水温が低くなっています。ところが数年に一度、海面の水温が２～５℃上昇することがあります。これが**エルニーニョ現象**で、異常気象の原因にもなっています。一方、貿易風が平年に比べ強まり、東部太平洋の冷たい海水の上昇が強くなって海面水温が低くなることもあります。いわばエルニーニョ現象の逆の現象で、こちらは**ラニーニャ現象**と呼ばれます。

エルニーニョ現象の影響はペルー沖周辺のみにとどまりません。因果関係が必ずしも明確ではありませんが、エルニーニョ現象が発生すると日本が冷夏・暖冬になる傾向がありますし、ラニーニャ現象が発生すると夏が猛暑に見舞われる一方、冬の寒さが厳しくなる傾向があります。

Step ｜基礎問題

（　）問中（　）問正解

■ 各問の空欄に当てはまる語句をそれぞれ①～③のうちから一つずつ選びなさい。

問1　過去150年間をみると世界の平均気温は長期的に上昇している。この現象を（　　　）という。
①　地球熱帯化　　②　地球温暖化　　③　ホットアース

問2　地球温暖化は（　　　）によって引き起こされる。
①　温室効果　　②　暖房効果　　③　火山噴火

問3　入射した光のうち反射する光の割合を（　　　）という。
①　リフレクト　　②　アルベド　　③　コロイド

問4　温地球温暖化が進んで海水温が上昇すると（　　　）の勢力が強まりやすくなる。
①　偏西風　　②　梅雨前線　　③　熱帯性低気圧

問5　次のうち温室効果ガスでないものは（　　　）である。
①　窒素　　②　二酸化炭素　　③　水蒸気

問6　温室効果がまったくなかった場合、地球の平均気温は（　　　）℃となる。
①　-18　　②　5　　③　15

問7　近年、二酸化炭素は（　　　）によって急増している。
①　人口の急増　　②　火山の噴火　　③　化石燃料の燃焼

問8　地球温暖化が進んで海水温が高くなると（　　　）も上昇する。
①　気圧　　②　海面　　③　海水中の塩分濃度

問9　氷や雪に覆われた極地のアルベドはおよそ（　　　）である。
①30%　　②50%　　③80%

問10　温室効果とは、温室効果ガスが（　　　）を吸収し地表に向けて再放射することで地球の平均気温が上昇することをいう。
①　地球放射　　②　太陽放射　　③　背景放射

解　答

問1：②　問2：①　問3：②　問4：③　問5：①　問6：①　問7：③　問8：②　問9：③　問10：①

問 11　地球の平均気温は（　　　　）の増加によって一時的に低下することもある。
① オゾンホール　② エアロゾル　③ フロン

問 12　地球温暖化によって、ヨーロッパなどではしばしば（　　　　）が発生している。
① 熱波　② ハリケーン　③ 火砕流

問 13　大気中への二酸化炭素の排出量は（　　　　）以降、特に増加した。
① 第二次世界大戦　② 産業革命　③ ルネサンス

問 14　成層圏にあるオゾン層は太陽からの有害な（　　　　）を吸収し、生物が生存しやすい環境をつくっている。
① エックス線　② 太陽風　③ 紫外線

問 15　南極上空に発生した、上空のオゾンの量が少ない部分を（　　　　）という。
① オゾンホール　② オゾンバレー　③ オゾンポケット

問 16　オゾン層の破壊はエアコンや冷蔵庫の冷媒に使われていた（　　　　）が原因物質である。
① シアン　② フロン　③ メタン

問 17　現在は、いわゆる（　　　　）議定書によってオゾン層現象の原因物質の製造や消費、貿易が規制されている。
① 京都　② モントリオール　③ ワシントン

問 18　エルニーニョ現象は、（　　　　）沖の海面の水温が２～5℃上昇する現象である。
① メキシコ　② ブラジル　③ ペルー

問 19　エルニーニョ現象とは逆に貿易風が平年に比べ強まり、東部太平洋の冷水の上昇が強くなって海面水温が低くなることを（　　　　）現象という。
① ラニーニャ　② ラニーニョ　③ レニーニャ

問 20　エルニーニョ現象が起こると日本では（　　　　）傾向がある。
① 冷夏・暖冬になる　② 台風が多く発生する　③ 猛暑・暖冬になる

解　答

問11：②　問12：①　問13：②　問14：③　問15：①　問16：②　問17：②　問18：③
問19：①　問20：①

Jump レベルアップ問題

（　）問中（　）問正解

■ 次の問いを読み、問１～問７に答えよ。

問１　特に大規模にエアロゾルを放出し地球の平均気温の低下を引き起こしている現象として適切なものを、次の①～③のうちから一つ選べ。

① 火山噴火　② 人間の活動　③ 隕石の衝突

問２　地球温暖化が進むと地球のアルベドが低下する。その理由として適切なものを、次の①～③のうちから一つ選べ。

① 熱帯雨林のような森林帯が広がるため
② 氷や雪の覆われた地域が減少するため
③ 水が蒸発し海の面積が減少するため

問３　オゾン層がある場所として適切なものを、次の①～③のうちから一つ選べ。

① 対流圏　② 成層圏　③ 中間圏　④ 熱圏

問４　地球温暖化が進むと、海面が上昇すると考えられている。その原因として、山岳や南極大陸の氷河が融けることの他に、どのような原因が考えられるか。適切なものを、次の①～③のうちから一つ選べ。

① 海水の膨張　② 降水量の増加　③ 気圧の低下による高潮

問５　オゾン層破壊の原因となったフロンは、炭素と水素に加え、ハロゲンを多く含む化合物の総称である。ハロゲンでないものを、次の①～③のうちから一つ選べ。

① フッ素　② 塩素　③ キセノン

問６　図より、エルニーニョ現象に関する海上の東寄りの風として最も適当なものを、次の①～④のうちから一つ選べ。

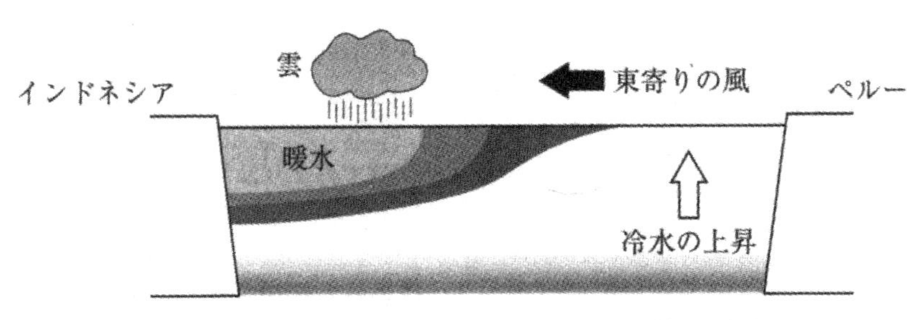

図　太平洋赤道域の平年の状態を示した模式断面図

① 貿易風
② 偏西風
③ 海陸風
④ 季節風

問７　エルニーニョ現象に伴う変化を述べた文として**誤っているもの**を、次の①～④のうちから一つ選べ。

① 太平洋赤道域の海上を吹く東寄りの風が平年より弱くなる。
② 太平洋赤道域で周囲より水温が高い暖水域が平年より東に広がる。
③ 太平洋赤道域東部の深海からの冷水の上昇が平年より強くなる。
④ 海上における上昇気流の発生位置が変化し、日本でも異常気象が起こりやすい。

解答・解説

問 1 ：①

大規模な火山噴火が発生すると噴煙が成層圏にまで達し、大気の大規模循環に乗って地球全域に広がり、太陽光を遮って地球の平均気温を低下させます。1991 年のピナトゥボ火山（フィリピン）の噴火の際は、地球の平均気温が 0.5 度ほど下がったことが知られています。したがって、正解は①となります。

問 2 ：②

温暖化が進み地表の気温が上昇すると、山岳地帯や南極大陸に拡がっていた氷河が融けるようになります。氷や雪のアルベドは約 80％と高いため、それが失われることによって地球全体のアルベドは低下し、その結果、地表がより太陽光を吸収するようになって、さらに温暖化が進行するという負の循環が起こるようになります。したがって、正解は②となります。

問 3 ：①

オゾンは成層圏の中でも高度 25 km 付近に最も濃く分布しています。オゾン層が紫外線を吸収することによって、成層圏では上空ほど気温が高くなっています。したがって、正解は①となります。

問 4 ：①

一般的に、多くの固体・液体・気体は温まると体積が増加します。地球が温暖化すると、海洋熱を吸収、海水温が上昇します。その結果、海水の体積が増加し、海水面上昇の一因となります。したがって、正解は①となります。

問 5 ：③

ハロゲンとは元素周期表の 17 族に位置する元素の総称です。すなわちフッ素、塩素、臭素、ヨウ素などが該当します。キセノンは 18 族の元素で貴ガスに分類されます。したがって、正解は③となります。

問６：①

エルニーニョ現象が起こる赤道域において吹く東寄りの風は貿易風です。したがって正解は①となります。②の偏西風は日本のような中緯度域の上空に吹く西寄りの風のこと、③の海陸風は海と陸の温まりやすさの違いによって気圧差が生じて吹く局地的な風のこと、④の季節風は例えば冬に日本列島付近の気圧配置が西高東低となった場合に北西から南東に向かって吹く風のことです。

問７：③

エルニーニョ現象は、太平洋赤道域の上空を吹く風が弱まることで、同西部の暖水が東部に流れ込むことで生じます。すると海上における上昇気流の発生位置が変化し日本でも異常気象が起こりやすくなるとともに、太平洋赤道域東部の深海からの冷水の上昇が妨げられ、平年より弱くなります。したがって③が誤りであり、正解は③となります。

2. 日本の自然環境

日本は北半球の中緯度に位置する、大陸の端にある島国です。このことが日本の気候を決定づけています。また日本は4つのプレートが集まる地球上でも稀有な場所です。このことが望むと望まざるとにかかわらず、日本を火山大国・地震大国にしているのです。本書の最後では、身近な日本の自然環境と、それによって引き起こされる災害の特徴を押さえましょう。

Hop｜重要事項

日本の気候

北西にユーラシア大陸という地球最大の大陸が控え、南東には太平洋という地球最大の海洋が広がる日本の気候は、その両者の影響を多大に受けています。

夏は温かい大陸が低気圧傾向、冷たい大洋が高気圧傾向となり、日本周辺は南高北低の気圧配置となります。太平洋付近に小笠原気団が高気圧（太平洋高気圧）となって張り出し、南東の季節風が吹きます。一方、冬は冷たい大陸が高気圧傾向、温かい海洋が低気圧傾向となり、日本周辺は西高東低の気圧配置となります。大陸からシベリア気団が南下し、北西の季節風が吹きます。

参考

ある一定の性質を持つ巨大な空気の塊を気団という。日本周辺は温かく湿った小笠原気団、温かく乾燥した揚子江気団、冷たく湿ったオホーツク海気団、冷たく乾燥したシベリア気団に囲まれ、これらの気団の勢力関係によって気象が変化している。

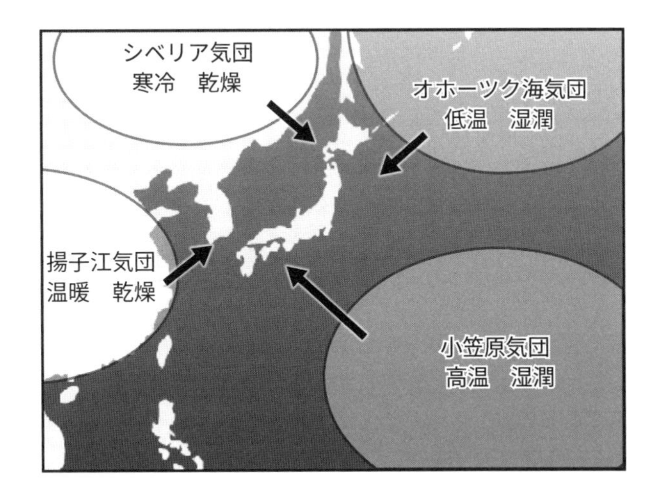

《日本の四季》

季節 時期	特　徴
冬	西高東低の気圧配置になる。シベリア気団から吹き出した北西の季節風が日本海を通過するとき水蒸気の供給を受け、上空にすじ状の雲をつくって日本海側に豪雪をもたらすことがある。
春	冬の終わりに「春一番」と呼ばれる強い南よりの風が吹く。太平洋側から吹く季節風の影響でフェーン現象が起こり気温が上昇することがある。移動性高気圧が西から日本列島にやってきて短い周期で天気が変わりやすくなる。
梅雨	梅雨前線があらわれる。前線にそって西から低気圧がやってきて長雨が続く。この時期に南の湿った空気が流れ込むと集中豪雨の原因になる。
夏	小笠原気団におおわれて南高北低の気圧配置になる。太平洋から湿度の高い南の風が吹き込み、蒸し暑い日が続く。
秋	秋雨前線があらわれ日本列島付近に停滞する。台風の到来により大雨が降ることがある。10月を過ぎると移動性高気圧と温帯低気圧が交互にやってきて周期的に天気が変化する。

日本の自然景観

プレートの境界に位置しているため火山も多く、隆起による山脈形成もあいまって、国土は山がちです。さらに日本は季節風や湿った気団の影響で豊かな水に恵まれています。山地に降った雨や雪は低地に向かって流れ、侵食・運搬・堆積といった作用を及ぼしつつ、V字谷や扇状地、沖積平野、三角州といった地形を作り出すのです。それらは、そこに暮らす人々の文化へも大きな影響を及ぼしています。

日本の自然災害

日本における自然災害は、大きく気象災害、地震災害、火山災害に分けられます。

雨（雪）による災害

日本が豊かな水に恵まれているということは、裏を返せば雨が多いということです。気団のぶつかり合いの影響で梅雨や秋の長雨が発生しますし、日本は台風の通り道にもあたっています。これらによってもたらされる大雨は、以下のような様々な気象災害を引き起こします。

◉ 土砂崩れ……急斜面の土砂が降雨によって水を含み、緩んで崩れ落ちる現象。
◉ 土石流………泥や岩が雨水を大量に含んで流れ出す現象。
◉ 地すべり……山腹や斜面をつくる土地の一部が滑り落ちる現象。
◉ 洪水…………平地において河川が氾濫し、住宅地などが水に浸かる現象。

近年では、線状降水帯の発生によって短時間に急激な降雨が起こり（いわゆるゲリラ豪雨）、都市部などに被害が発生することもしばしばです。また、寒冷地では冬季に大雪に見舞われることもあります。積雪だけでなく、斜面に積もった雪が滑り落ちる雪崩が災害を引き起こすこともあります。

その他の気象災害

台風の接近・上陸は、雨による災害だけでなく、暴風や高潮による被害ももたらします。高潮とは、台風などの強い低気圧が接近した際、気圧の低下によって海水が持ち上げられ、海面の水位が上昇する現象です。

夏は積乱雲（入道雲）が発達しやすく、ダウンバーストや竜巻といった突風被害、雲による放電現象である雷による被害もしばしば発生しています。

地震災害

地震には、プレートの境界付近で発生する地震（プレート境界型地震）と内陸の活断層で発生する地震（内陸地震）とがあります。日本はしばしば巨大地震に見舞われています。記憶に新しいのは2024年１月１日に発生した令和６年能登半島地震でしょうか。近年、最大規模の地震災害となったのは、2011年３月11日に発生した東北地方太平洋沖地震と、それに伴う東日本大震災です。M9.0の巨大地震による津波が東北地方から関東地方の太平洋沿岸を襲い、多くの被害をもたらしました。

東北地方太平洋沖地震はプレート境界型地震ですが、内陸地震で大きな被害が発生した例としては、1923年９月１日に発生した関東地震（関東大震災）と1995年１月17日に発生した兵庫県南部地震（阪神淡路大震災）が挙げられます。歴史的には、東海・東南海・南海という複数の震源域を持つ地震が連動して発生したことがあり、被害を及ぼしてきました。

《東海・東南海・南海地震》

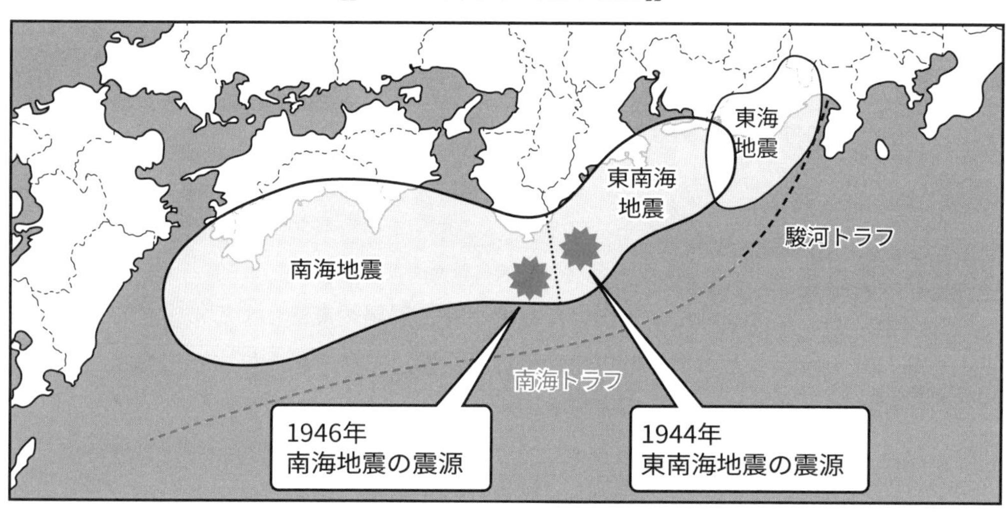

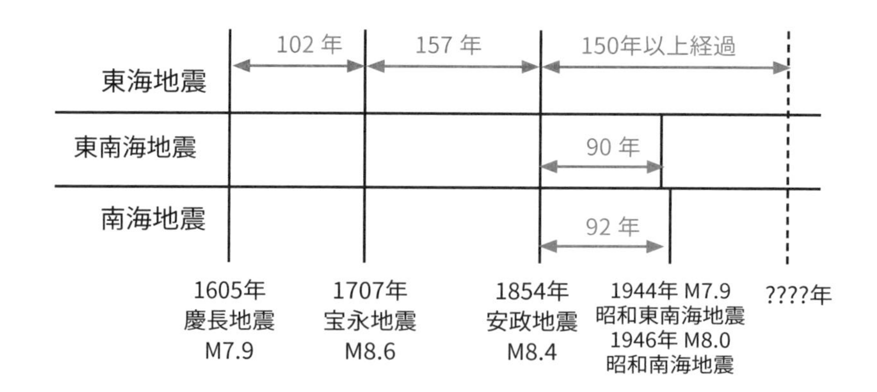

地震に伴って発生する現象としては以下のようなものがあります。

◉ 津波

海底下で大地震が発生した場合、海底の岩盤が跳ね上がって海水を広範囲に持ち上げます。それをきっかけに生じた巨大な波が津波です。津波は沖では速く進み、海岸に近づくにつれ速さは落ちますが、高さが増します。

◉ 液状化現象

地震の揺れで砂層が液体のように軟弱になる現象です。地下水が噴き出したりマンホールが浮き上がったりし、建物が倒壊することもあります。

火山災害

プレートの沈む込み帯付近に位置する日本列島には、それに平行に火山が列をなして分布しています。「概ね1万年以内に噴火した火山、及び現在活発な噴気活動がある火山」と定義される活火山は、日本には111あります。さらに「火山防災のために監視・観測体制の充実等の必要がある火山」として47火山が選定されています。よく知られる火山としては、現在も活発に噴火活動を見せている鹿児島県の桜島、1991年に大規模な火砕流を発生させた長崎県の雲仙岳、2000年に大規模な噴火を起こし島民の全島避難を余儀なくさせた東京都の三宅島（雄山）、2014年に爆発的な噴火を起こし死者・行方不明者63人を出した長野県／岐阜県の御嶽山などがあります。

火山噴火はマグマや火山ガス、火山砕せつ物（火山灰や火山弾）の噴出を伴うほか、以下のような現象が発生します。

◉ 溶岩流

マグマが地表に現れたものが溶岩です。緩やかに流れるため人的被害は生じることはまれですが、止める手段が少なく道路や建物を飲み込んでしまうことがあります。

◉ 火砕流

火山砕せつ物と火山ガスが交じり合った高温の流れが高速で山の斜面を下る現象が火砕流です。速さは秒速100 mにも達し、逃げ切ることは困難です。火砕流が通過したところはすべて焼失し、膨大な火山灰で埋め尽くされます。

◉ 泥流

斜面に積もった火山灰に雨が降り、泥となって流れ下る現象です。泥流が川をせき止め、その後の降雨によって川を氾濫させることもあります。

Step ｜基礎問題

（　）問中（　）問正解

■各問の空欄に当てはまる語句をそれぞれ①～③のうちから一つずつ選びなさい。

問１　日本の夏は小笠原気団におおわれて（　　　）の気圧配置になる。
　① 南高北低　② 南低北高　③ 西高東低

問２　日本では冬の終わりに（　　　）と呼ばれる強い南よりの風が吹く。
　① 木枯らし　② 春一番　③ 貿易風

問３　日本では秋には（　　　）の到来により大雨が降ることがある。
　① 梅雨前線　② 台風　③ ハリケーン

問４　日本は季節風や湿った気団の影響もあり、豊かな（　　　）に恵まれている。
　① 山　② 景観　③ 水

問５　日本の周囲には主な気団が（　　　）ある。
　① ３つ　② ４つ　③ ５つ

問６　冬には（　　　）の季節風が吹く。
　① 北西　② 南東　③ 北東

問７　急斜面の土砂が降雨によって水を含み、緩んで崩れ落ちる現象を（　　　）という。
　① 土砂崩れ　② 土石流　③ 地すべり

問８　泥や岩が雨水を大量に含んで流れ出す現象を（　　　）という。
　① 土砂崩れ　② 土石流　③ 地すべり

問９　近年では（　　　）の発生によってしばしば急激な降雨が起こる。
　① 線状洪水帯　② 線状豪雨帯　③ 線状降水帯

問10　台風では暴風、大雨のほか、気圧の低下によって海水が持ち上げられ、海水面が上昇する（　　　）に警戒が必要である。
　① 高潮　② 大潮　③ 津波

解答

問１：①　問２：②　問３：②　問４：③　問５：②　問６：①
問７：①　問８：②　問９：③　問10：①

問 11　夏は（　　　　）が発達しやすく、竜巻や雷に因る被害もしばしば発生する。
① 高積雲　② 乱層雲　③ 積乱雲

問 12　地震にはプレート境界付近で起きるものと内陸の（　　　　）で起きるものがある。
① ホットスポット　② 活断層　③ トランスフォーム断層

問 13　次のうち、内陸地震でないものは（　　　　）である。
① 1923 年の関東地震　② 1995 年の兵庫県南部地震
③ 2011 年の東北地方太平洋沖地震

問 14　東海地震、東南海地震、南海地震のうち、現在までに最も間があいている地震は（　　　　）である。
① 東海地震　② 東南海地震　③ 南海地震

問 15　斜面に積もった雪が滑り落ちる現象を（　　　　）という。
① 雪崩　② 落雪　③ 泥流

問 16　概ね（　　　　）年以内に噴火した火山や現在活発な噴気活動がある火山を、活火山という。
① 5000　② 10000　③ 50000

問 17　地震の揺れで砂層が液体のように軟弱になる現象を（　　　　）という。
① 液体化現象　② 液状化現象　③ 軟弱化現象

問 18　現在、日本には活火山が（　　　　）ある。
① 10 個　② 48 個　③ 111 個

問 19　火山砕せつ物と火山ガスが交じり合った高温の流れが高速で山の斜面を下る現象を（　　　　）という。
① 土石流　② 火砕流　③ 泥流

問 20　火斜面に積もった火山灰に雨が降り、泥となって流れ下る現象を（　　　　）という。
① 泥流　② 土石流　③ 火砕流

解答

問11：③　問12：②　問13：③　問14：①　問15：①　問16：②
問17：②　問18：③　問19：②　問20：①

Jump｜レベルアップ問題

（　　）問中（　　）問正解

■ 次の問いを読み、問１～問８に答えよ。

問１　日本付近の気団のうち、低温で湿潤な気団として適切なものを、次の①～③のうちから一つ選べ。

① 小笠原気団　② 揚子江気団　③ オホーツク海気団

問２　春の日本海側の地域において、太平洋側から吹く季節風の影響で起こる現象として適切なものを、次の①～③のうちから一つ選べ。

① 春一番　② フェーン現象　③ ゲリラ豪雨

問３　河川の侵食・運搬・堆積作用でつくられる地形として**適切でないもの**を、次の①～③のうちから一つ選べ。

① 沖積平野　② 扇状地　③ 山脈

問４　東海・東南海・南海地震が連動して起きたのは直近で何年前か。適切なものを、次の①～③のうちから一つ選べ。

① 50年前　② 150年前　③ 300年前

問５　「火山防災のために監視・観測体制の充実等の必要がある火山」に選ばれている活火山の数として適切なものを、次の①～③のうちから一つ選べ。

① 38　② 47　③ 55

問６　日本の気象とそれに伴う災害について述べた文として**誤っているもの**を、次の①～④のうちから一つ選べ。

① 梅雨の末期に、南西側から流れ込む暖かく湿った空気が集中豪雨をもたらす事がある。
② 冬に日本海側では降雪が多く、豪雪による被害が出ることがある。
③ エルニーニョ現象のとき、冬は寒さが厳しくなる傾向にある。
④ 大雨が降ると、土石流によって甚大な被害が出ることがある。

問7　図1の気圧配置はどの時期に特徴的に見られるものか。最も適当なものを、下の①～④のうちから一つ選べ。

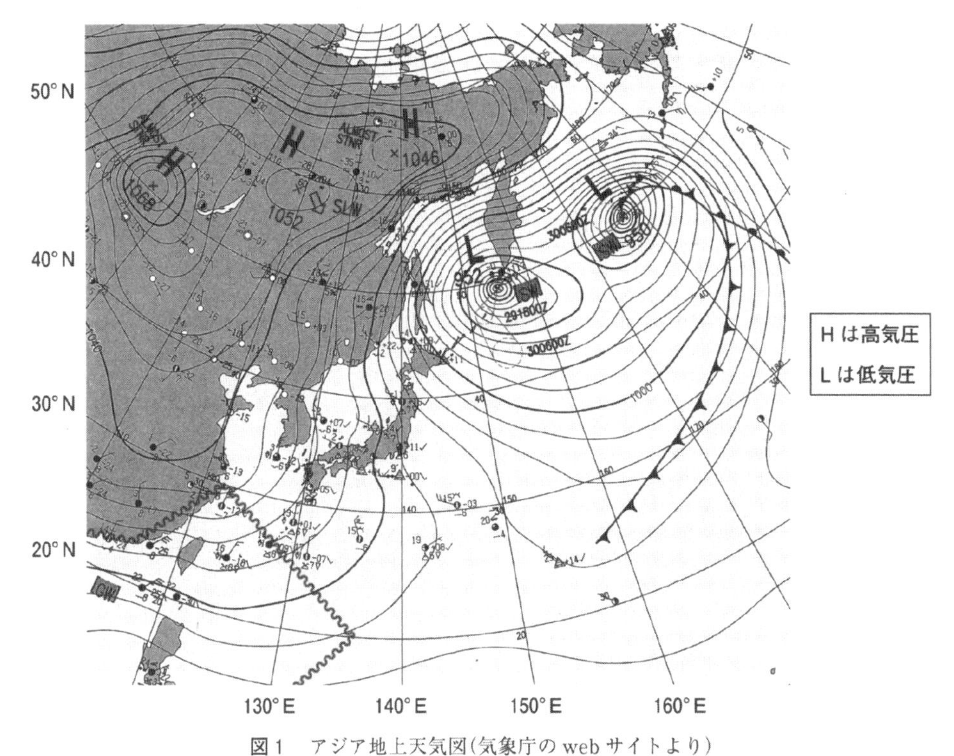

図1　アジア地上天気図（気象庁の web サイトより）

① 1月
② 4月
③ 7月
④ 10月

問8　梅雨をもたらす高気圧の組合せとして最も適当なものを、次の①～④のうちから一つ選べ。

① シベリア高気圧・移動性高気圧
② オホーツク海高気圧・シベリア高気圧
③ 太平洋高気圧（北太平洋高気圧）・オホーツク海高気圧
④ 移動性高気圧・太平洋高気圧（北太平洋高気圧）

解答・解説

問１：③

日本付近には主に４つの気団がありますが、低温ということは北側の気団を、湿潤ということは海洋上の気団を指すことがわかります。北側に位置するのはシベリア気団とオホーツク海気団ですが、そのうち海洋上にあるのはオホーツク海気団です。したがって、正解は③となります。

問２：②

フェーン現象とは、風が山を越え、斜面にそって山を下りてくるときに、山の下りた側で気温が高くなる現象です。したがって、正解は②となります。

問３：③

沖積平野と扇状地はともに河川の堆積作用でつくられます。一方、山脈は造山運動でつくられます。したがって、正解は③となります。

問４：②

最後に東海・東南海・南海地震が連動して起きたのは 1854 年の安政地震のことです。したがって、正解は②となります。

問５：②

「火山防災のために監視・観測体制の充実等の必要がある火山」に選ばれている活火山には 47 個が指定されています。たとえば富士山、箱根山、雲仙岳、阿蘇山、桜島などが含まれます。したがって、正解は②となります。

問６：③

エルニーニョ現象が発生すると、日本では冬に寒気が入りにくくなり、西高東低の気圧配置が弱まって全般に暖かくなります。その結果、日本海側で晴れが多くなり、太平洋側で曇りや雨雪が多くなる傾向があります。したがって正解は③となります。

問７：①

図１の天気図は、日本の北東に低気圧が発達して進み、ユーラシア大陸に高気圧が居座る、西高東低の気圧配置となっています。このような気圧配置は冬の気象の大きな特徴です。したがって正解は①となります。

問８：③

梅雨は、冷たく湿った海洋性の気団（オホーツク海気団）からなるオホーツク海高気圧と、高温で湿った海洋性の気団（小笠原気団）からなる太平洋高気圧がせめぎ合うことで生じます。したがって正解は③となります。

高卒認定ワークブック　新課程対応版

地学基礎

2024年　6月28日　初版　　第1刷発行

編　集：J-出版編集部
制　作：J-出版編集部
発　行：J-出版
〒112-0002 東京都文京区小石川 2-3-4 第一川田ビル TEL 03-5800-0552
J-出版.Net　http://www.j-publish.net/

ISBN978-4-909326-87-4　C7300　Printed in Japan